Zu diesem Buch

Dieses Skriptum entstand aus den Vorlesungen in dem Fache Stahlbetonbau an der Fachhochschule Nordostniedersachsen - Fachbereich Bauingenieurwesen - in Suderburg.

Nach einer Schilderung der Eigenschaften der Baustoffe und ihrer Lieferformen werden die erforderlichen Prüfungen auf der Baustelle beschrieben bzw. wird auf die entsprechenden DIN-Blätter verwiesen. Den Grundlagen für das Bemessen, das auf den Dehnungen des Stahles und den Stauchungen des Betons, der Größe der Risse und der Verankerung der Stähle im Beton beruht, ist ein weiteres Kapitel gewidmet. Darauf folgen die wichtigsten Konstruktionen des Stahlbetonbaues mit Beispielen - Teil I: einachsig und zweiachsig gespannte Platte und im Teil II: Balken und Stützen -.

Das Buch wendet sich einmal an die Studenten, denen es eine Hilfe beim Studium sein will, zum anderen an den im Beruf stehenden Ingenieur, der sich wieder in das Gebiet des Stahlbetonbaues einarbeiten will. Beiden sollen die Beispiele und Erläuterungen helfen, den knappen Text der Vorschrift zu verstehen und auszulegen.

Stahlbeton

Einführung in die Berechnung nach DIN 1045

1 Baustoffe, Festigkeit, Platten

Von Dipl.-Ing. O. Homann

Professor an der Fachhochschule
Nordostniedersachsen, Fachbereich
Bauingenieurwesen in Suderburg

3., neubearbeitete
und erweiterte Auflage
Mit 115 Bildern und 60 Tabellen

B. G. Teubner Stuttgart 1982

Otfrid Homann

1925 in Berlin geboren. Studium an der Technischen Universität Berlin und der damaligen Technischen Hochschule in Hannover. 1952 Diplom-Hauptprüfung. 1952/53 am Lehrstuhl für Massivbau und Baustoffkunde der Technischen Hochschule Hannover. 1953 bis 1959 als Statiker im Stahlbetonbau bei einer Niederlassung des Bauunternehmens Carl Brandt, Zentralverwaltung in Düsseldorf. 1959 bis 1964 Leiter einer Arbeitsgruppe des Wasserwirtschaftsamtes in Celle (Planung und Bau von Wehren, Brücken und Wasserbau). Ab 1964 Dozent an der Staatlichen Ingenieurschule für Wasserwirtschaft und Kulturtechnik, seit 1971 Fachhochschullehrer an der Fachhochschule Nordostniedersachsen - Fachbereich Bauingenieurwesen in Suderburg (Kreis Uelzen).

CIP-Kurztitelaufnahme der Deutschen Bibliothek

Homann, Otfrid:
Stahlbeton : Einf. in d. Berechnung nach DIN 1045 / von O. Homann. - Stuttgart : Teubner

1. Baustoffe, Festigkeit, Platten. - 3., neubearb. u. erw. Aufl. - 1982.
(Teubner-Studienskripten ; 58 : Bautechnik)
ISBN 3-519-20058-9

NE: GT

Printed in Germany
Gesamtherstellung: Beltz Offsetdruck, Hemsbach/Bergstr.
Umschlaggestaltung: W. Koch, Sindelfingen

Vorwort zur dritten Auflage

Das vorliegende Skriptum entstand aus den Vorlesungen an der Fachhochschule Nordostniedersachsen - Fachbereich Bauingenieurwesen.

Anlaß war letztlich der Wunsch der Studenten, eine Zusammenfassung und Erläuterung der DIN 1045 (Beton- und Stahlbetonbau) mit Beispielen zu haben, die es auch einem Ingenieur, der sich nicht täglich mit Stahlbetonbau beschäftigen muß, ermöglicht, sich kurzfristig wieder in dieses Stoffgebiet hineinzufinden.

In der Zeit zwischen der zweiten und der dritten Auflage erfolgte die Umstellung aller Maßeinheiten auf die SI-Einheiten. Dadurch wurde eine Neufassung der DIN 1045 im Jahre 1978 und des Heftes 220 des Deutschen Ausschusses für Stahlbeton (Bemessung von Beton- und Stahlbetonbauteilen) in dem darauf folgenden Jahre erforderlich. In der Fassung der DIN 1045, Ausgabe 1978, sind die Abschnitte über das Kriechen und Schwinden des Betons nicht mehr enthalten, dafür wurde auf die entsprechenden Abschnitte der DIN 4227 (Spannbeton, Teil 1) verwiesen. Andere Abschnitte der DIN 1045 wurden überarbeitet. Eine teilweise Neufassung und Erweiterung einzelner Abschnitte dieses Skriptums war die unausbleibliche Folge.

Für alle hier benutzten bzw. für alle weiteren Maßeinheiten, Zeichen und Symbole wird auf den Band Wendehorst / Muth, Bautechnische Zahlentafeln, 20. Auflage1981 verwiesen.

Danken möchte ich dem Deutschen Normenausschuß und dem Deutschen Ausschuß für Stahlbeton für ihre Genehmigung, die DIN-Vorschriften und Bemessungsunterlagen auszugsweise zu übernehmen, und Herrn Professor Dr.-Ing. Hubert Rüsch für das Überlassen einer Darstellung von Versuchsergebnissen. Das gleiche gilt auch für das Entgegenkommen des Bundesverbandes der Deutschen Zementindustrie und der Baustahlgewebe G.m.b.H. für ihre Hilfe bei dem Zustandekommen dieses Buches.

Beim Benutzen des vorliegenden Buches sollte man unbedingt die DIN 1045 und das Heft 220 des Deutschen Ausschusses für Stahlbeton oder die Nachdrucke zur Hand haben. Ein leichteres Zurechtfinden in den Vorschriften soll dadurch gegeben sein, daß bei den einzelnen Kapiteln des Skriptums die entsprechenden Paragraphen genannt werden. Die Bezeichnungen 'Bild' und 'Tabelle' sind den jeweiligen Darstellungen der Vorschrift vorbehalten, ebenso die Nummern der Formeln. Um Verwechslungen auszuschalten, wird bei den Angaben aus dem Heft 220 darauf hingewiesen. Darstellungen, die nicht den Vorschriften entnommen sind, werden mit 'Abbildung' oder 'Tafel' bezeichnet.

Danken möchte ich meiner Mitarbeiterin Frau G. Kelle, die mir die Schreibarbeiten abgenommen hat.

Für die Zuschriften und Anregungen danke ich allen Beteiligten.

Otfrid Homann

Suderburg, im Juli 1982

Inhaltsverzeichnis

Anhang

1. Zur Geschichte des Betonbaues

Faßt man den Begriff 'Beton' etwas weiter und versteht darunter ganz allgemein eine Mischung aus Zuschlag, Bindemittel und Wasser, so lassen sich die Anfänge dieser Bauweise bis in die Zeit von 3.ooo Jahren vor Christi Geburt bei den Ägyptern und den Bewohnern des Westens von Pakistan verfolgen. Höhepunkte dieser Entwicklung stellen die Bauwerke der Römer um die Zeitenwende hergestellt dar. Ein Meisterstück unter vielen ist die Kuppel des Pantheon aus Leichtbeton mit einer Spannweite von 43 m im Durchmesser. Aus zeitgenössischen Schriften - Vitruvii de Architectura libri decem (Vitruv: Zehn Bücher über die Architektur) - wissen wir, daß dem gebrannten Kalk vulkanische Sande, die Puzzolane, zugesetzt wurden. Zusammen hatten diese Bindemittel eine ähnliche Wirkung wie der heutige Zement. Wenn es auch damals schon Anweisungen für die Verarbeitung der Baustoffe und die Prüfung der Materialien gab, ließ sich doch aus diesen Bindemitteln kein so hochwertiger Beton herstellen, wie heute mit den genormten künstlichen Zementen, die fabrikmäßig hergestellt werden. Immerhin ergaben Untersuchungen des Römer-Betons Druckfestigkeiten, die je nach den vorgesehenen Belastungen zwischen 1o und 3o N / mm^2 lagen. Die Kornzusammensetzung dieser Betone liegt in einem Bereich, der nach den heutigen Gesichtspunkten als 'günstig' - zwischen den Sieblinien A und B - anzusprechen ist. Als wichtigste Bauwerke dieser Zeit sind in Deutschland die Wasserleitung von der Eifel nach Köln, die Barbara-Thermen, das Amphi-Theater und die Kaiser-Thermen in Trier zu nennen.

Mit dem Niedergang des römischen Reiches geriet auch die Herstellung von Beton immer mehr in Vergessenheit. Erst Anfang des 19. Jahrhunderts trifft man auf Bemühungen, Zement-ähnliche Bindemittel herzustellen.

1819 Die 'Niederländische Gesellschaft der Wissenschaft' veranstaltet ein Preisausschreiben über die Verbesserung beim Brennen von Kalk aus Muschelschalen, wie er in Niederländisch Indien gefunden wurde. Der Franzose Vicat und der deutsche Arzt und Chemiker John entwikkelten getrennt voneinander Vorschläge und erhielten die ausgesetzten Preise. John fand die Hydraule-Faktoren und schlug vor, diese den Kalken beizumengen. Beide Arbeiten gerieten aber bald in Vergessenheit, sie haben heute nur noch geschichtlichen Wert.

1824 Der englische Kalkbrennerei-Besitzer und Bauunternehmer Aspdin in Leeds mahlte mergelige Kalke vor und nach dem Brennen, ließ sich dieses Verfahren patentieren und nannte das Produkt 'Portland-Zement', abgeleitet von dem lateinischen caementum - der Bruch - oder Mauerstein.
Einige Eigenschaften: Erstarren und Erhärten auch unter Luftabschluß, hohe Druckfestigkeit, Herstellen von Beton im heutigen Sinne.

1844 Nach mereren Fehlschlägen bei der Verwendung von Portland-Zement weist der Engländer Johnson auf die Wichtigkeit der Sinterung des Zementes beim Brennen hin, die bei Temperaturen von über 1.2oo°C erfolgt. Die Folge dieses Hinweises ist ein starkes Ansteigen der Entwicklung der englischen Zement-Industrie.

1855 Erste deutsche Portland-Zement-Fabrik bei Stettin.
Der Franzose Lambot meldet ein Patent für die Herstellung von Schiffen aus Beton, der durch Eiseneinlagen verstärkt ist, an.

1861 Der Pariser Gärtner Monier stellt Blumenkübel aus eisenbewehrten Beton her. Coignet berichtet über Eisengerippe mit Beton.

1867 Monier erhält ein Patent auf seine Blumenkübel.

1868 In den folgenden Jahren wird Moniers Patent auf Rohre, Platten und Brücken erweitert.

1877 Der Amerikaner Hyatt berichtet über Versuche mit Verbund-Konstruktionen, die Bewehrung liegt nur auf der Zugseite, Bügel und Schrägbewehrungen sind vorgesehen. Hyatt ging von einem Elastizitäts-Modul des Betons von 1.ooo ooo N/mm² aus. Ein von ihm gebautes Haus in London steht heute noch.

1878 Monier meldet seine in der Zwischenzeit verfallenen Patente wieder an.

188o Monier meldet seine Patente in Deutschland an.

1884 bis 1886 Die deutschen Firmen Freytag und Heidschuch in Neustadt a.d.H., Martenstein und Josseaux in Offenbach a.M. und G.A. Wayß in Berlin erwerben die Lizenzen für Deutschland. Wayß bietet für das Reichstagsgebäude in Berlin Stahlbeton-Decken an.

1887 Koenen veröffentlicht ein empirisches Berechnungs-Verfahren für den Eisenbeton.

1892 Hennebique entwickelt den Gedanken des Plattenbalkens.

1894 Die Patente Moniers werden für ungültig erklärt, jeder darf jetzt diese Bauweise anwenden.

1896 Neumann in Brünn gibt ein verbessertes Berechnungsverfahren an, das noch der Vorschrift von 1943 zu Grunde lag.

1898 Gründung des 'Deutschen Beton-Vereins'.

19oo Mörsch entwickelt eine Theorie des Eisenbetons auf der Grundlage der Arbeiten von Koenen und Neumann.

19o4 Vorläufige Leitsätze für die Vorbereitung, Ausführung und Prüfung von Eisenbeton-Bauten.

19o7 Koenen schlägt vor, Bauteile vorzuspannen, geht aber von diesem Prinzip wieder ab, da die damalige Vorspannung von 6ooo N/mm² zu gering war.

Gründung des 'Deutschen Ausschusses für Eisenbeton'.

1916 Bestimmungen für Ausführung von Bauwerken aus Eisenbeton.

1928 Der Franzose Freyssinet meldet ein Verfahren zum Vorspannen von Zuggliedern an.

1934 Dischinger meldet ein Patent für Spannglieder an, die nach der Art eines Hängewerkes geführt sind, jedoch außerhalb des Betons verlaufen. Damit ist die Möglichkeit des Nachspannens der Spannglieder gegeben. Nach heutiger Definition würde man von 'Vorspannung ohne Verbund' sprechen.

1943 Es erscheint eine neue Stahlbeton-Vorschrift, die DIN 1o45 - Bauwerke aus Stahlbeton. Die Vorschrift baut auf einem B 12o, der einem B 8 entsprechen würde, auf.

1953 Eine neue Vorschrift erscheint: DIN 4227 - Spannbeton, Richtlinien für Bemessung und Ausführung.

1972 Neuausgabe der DIN 1o45, die nach neuen Erkenntnissen besser der Wirklichkeit des Stahlbetons angepaßt ist.

1978 Völlige Neubearbeitung des Abschnittes 'Bewehrungsrichtlinien' der DIN 1o45 und Umstellung aller Einheiten auf die gesetzlich vorgeschriebenen SI-Einheiten.

1979 Neuausgabe der Spannbeton-Vorschriften DIN 4227, zunächst in den Teilen

1. Bauteile aus Normalbeton mit beschränkter oder voller Vorspannung
2. Einpressen von Zementwürfel in Spannkanäle

und

DIN 4219 - Leichtbeton und Stahlleichtbeton mit geschlossenem Gefüge.

2. Die Baustoffe

2.1. Betonstahl nach Paragraph 6.6 (DIN 1o45)

2.1.1. Eigenschaften des Betonstahles

Definition: Stahl ist ohne Vorbehandlung schmiedbar.
Von 9oo°C bis 1.3oo°C hat der Stahl einen teigartigen Übergangszustand zwischen fest und flüssig. In diesem Zustand sind Verformungen ohne bleibende Spannungen möglich.

Bedingung: Der Kohlenstoffgehalt darf höchstens o,2 o/o betragen.

Forderung: Der Stahl muß kalt verformbar und schweißbar sein.
Der Elastizitätsmodul ist mit E = 21o ooo N/mm^2 anzusetzen.

2.1.2. Lieferformen und Kennzeichnungen

Von dem Material her unterscheidet man im Stahlbetonbau

1. Unbehandelte oder U-Stähle
2. Kalt verformte oder K-Stähle

Die unbehandelten Stähle werden so verarbeitet, wie sie die Walzstraße im Werk verlassen haben.
Das Kaltverformen erfolgt durch Ziehen des Stahles oder durch Verdrehen um die Längsachse des Stabes (Tordieren), daher die Markenbezeichnung 'Tor-Stahl'. Bei den kaltverformten Stählen wird das Material über die Streckgrenze bzw. die o,2 o/oo-Dehngrenze hinaus gestreckt. Dabei erfolgt eine Umlagerung der Eisen-Kristalle, die eine Erhöhung der Proportionalitätsgrenze bewirkt, verbunden mit einer bleibenden Längenänderung, der Hysteresis. Bei einer späteren Erwärmung fallen die Eisen-Kristalle wieder in die alte Lage zurück, und damit wird der Stahl wieder wie ein unbehandelter. Diese Tatsache ist bei der Verwendung von Stahl bei ausgebrannten Konstruktionen zu beachten. Beim Schweißen werden nur kleine Bereiche des Stahls erwärmt, so daß nur unwesentliche Abschnitte in den naturharten Zustand zurückfallen. Früher

Tabelle 6. **Sorteneinteilung und Eigenschaften der Betonstähle**

			1	2	3	4	5	6	7	8
	Verarbeitungsform		Betonstahlsorten: Betonstabstahl				Betonstahlsorten: Betonstahlmatte, geschweißt			Betonstahlmatte, nicht geschweißt
	Oberflächengestaltung		glatt G	gerippt R: Querrippen	gerippt R: Schrägrippen	gerippt R: Schrägrippen	glatt G	profiliert P	gerippt R: Schrägrippen	gerippt R: Schrägrippen
	Stahlherstellung		unbehandelt U	unbehandelt U	unbehandelt U	kalt verformt K	kalt verformt K	kalt verformt K	kalt verformt K	kalt verformt K
	Kurzname		BSt 220/340 GU	BSt 220/340 RU	BSt 420/500 RU	BSt 420/500 RK	BSt 500/550 GK	BSt 500/550 PK	BSt 500/550 RK	BSt 500/550 RK
	Werkstoff-Nummer		1.0003	1.0005	1.0433	1.0431	1.0464	1.0465	1.0466	1.0466
	Kurzzeichen [16]		I G	I R	III U	III K	IV G [17]	IV P [17]	IV R [17]	IV RX
1	Nenndurchmesser d_s in mm		5 bis 28	6 bis 40	6 bis 28	6 bis 28	4 bis 12	4 bis 12	4 bis 12	6 bis 12
2	Streckgrenze β_S oder $\beta_{0,2}$ in N/mm^2 mindestens		220	220	420	420	500	500	500	500
3	Zugfestigkeit β_Z in N/mm^2 mindestens [19]		340	340	500	500	550	550	550	550
4	Dauerschwingfestigkeit bei einer Schwingbreite $2\,\sigma_{A_{2\,Mill}} = \sigma_o - \sigma_u$ in N/mm^2	gerade Stäbe	180	-	230	230	120 [20]	120 [20]	120 [20]	230
5		gekrümmte Stäbe $d_{br} = 15\,d_s$	180	-	200	200	120 [20]	120 [20]	120 [20]	200
6	Schweißeignung gewährleistet für Nenndurchmesser d_s in mm (siehe auch Tabelle 24 und DIN 4099 Teil 1 [21])	≦ 12	RA	RA	RA	RA, RP [23]	RA, RP [22]	RA, RP [22]	RA, RP [22]	RA, RP [22]
		≧ 14		RA, E		RA, E, RP [23]	-	-	-	-

7	Bruchdehnung δ_{10} in % mindestens		18	18	10	10	8	8	8	8
8	Knotenscherkraft S geschweißter Betonstahlmatten [24])		–	–	–	–	0,35 $A_s \cdot \beta_S$	0,30 $A_s \cdot \beta_S$	0,30 $A_s \cdot \beta_S$	–
9	Dorndurchmesser für Faltversuch; Biegewinkel 180°		$2\,d_s$	–	–	–	$3\,d_s$	–	–	–
10	Biegerollendurchmesser beim Rückbiegeversuch für Nenndurchmesser d_s im mm	$\leqq 12$	–	$4\,d_s$	$5\,d_s$	$5\,d_s$	–	$4\,d_s$	$4\,d_s$	$4\,d_s$
11		13 bis 18	–	$5\,d_s$	$6\,d_s$	$6\,d_s$	–	–	–	–
12		20 bis 28	–	$7\,d_s$	$8\,d_s$	$8\,d_s$	–	–	–	–
13		30 bis 40	–	$10\,d_s$	–	–	–	–	–	–

[16]) Für Zeichnungen und statische Berechnungen.

[17]) Für Ring- und Längsbewehrung in geschweißten Bewehrungskörben von Stahlbetonrohren und Stahlbetondruckrohren nach DIN 4035 und DIN 4036 auch als Betonstabstahl und in Ringen anwendbar.

[18]) Gilt für Toleranzen von A_s bis – 5 % (nach DIN 488 Teil 2, Tabelle 1); bei Toleranzen von mehr als – 5 % bis – 12 % muß die Streckgrenze entsprechend erhöht werden.

[19]) $\beta_Z \geqq 1{,}05\,\beta_S$ und außerdem $\beta_Z \geqq 1{,}05\,\beta_{0,2}$, wobei die bei den Prüfungen ermittelten Werte einzusetzen sind.

[20]) Nur erforderlich bei geschweißten Betonstahlmatten, die nach Abschnitt 17.8 bei nicht vorwiegend ruhender Belastung angewendet werden.

[21]) RA = Widerstands-Abbrennstumpfschweißen, E = Metall-Lichtbogenschweißen, RP = Widerstands-Punktschweißen.

[22]) Das Widerstands-Punktschweißen darf für die Herstellung der Betonstahlmatten nicht auf der Baustelle, sondern nur in überwachten Werken durchgeführt werden.

[23]) Das Widerstands-Punktschweißen darf für die Herstellung von Einzelpunktschweißungen nur in überwachten Werken durchgeführt werden (vergleiche DIN 4099 Teil 2).

[24]) Hierin bedeutet β_S = 500 N/mm^2 die für BSt 500/550 geforderte Mindeststreckgrenze. Wegen A_s siehe DIN 488 Teil 5.

geltend gemachte Besorgnisse braucht man heute nicht mehr zu teilen.

Bei der Belastung bis zur Proportionalitätsgrenze σ_p oder bis zur o,o1 o/o - Elastizitätsgrenze $\sigma_{o,o1}$ verläuft die σ - ε - Linie nach dem Hooke'schen Gesetz (angenähert) als Gerade. Dabei ist $\varepsilon = \Delta l/l$ die Längenänderung durch die Ausgangslänge geteilt. Die neue σ - ε - Linie nach der Kaltverformung verläuft bis zur größten, vorher aufgetretenen Spannung σ_p^+ parallel zu der σ - ε - Linie des unbehandelten Stahles, darüber hinaus folgt sie der vorgegebenen σ - ε - Linie bis zu der Bruchspannung β_z.

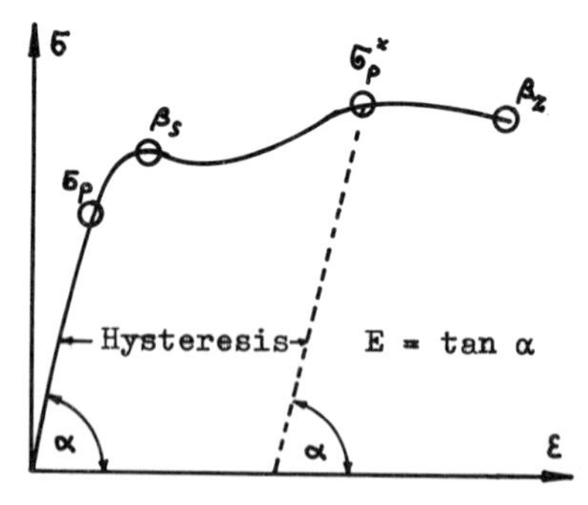

Abb. 1 Spannungs-Dehnungslinie des Stahles

Im Anwendungsbereich des Spannbetons kennt man außerdem

3. Kalt gezogene Stähle
4. Vergütete Stähle

Bei den kalt gezogenen Stählen tritt ein Verspröden des Materials ein, dem ein Zwischenvergüten (patentieren) entgegenwirkt. Die vergüteten Stähle erhalten ihre größere Festigkeit durch Härten und nachfolgendes Anlassen des Stahles.

Von der Oberfläche der Betonstähle unterscheidet man

1. glatte Stähle - G -
2. profilierte Stähle - P -
3. gerippte Stähle - R -

Nach den Mindest-Festigkeiten werden unterschieden

1. BSt 22o/34o Kurzzeichen I
2. BSt 42o/5oo Kurzzeichen III
3. BSt 5oo/55o Kurzzeichen IV

Die erste Zahl gibt die Mindest-Streckgrenze β_s und die zweite Zahl die Mindest-Zugfestigkeit β_z in N/mm^2 an.

Kennzeichnung der verschiedenen Betonstähle.

In der DIN 488, Blatt 1 bis 6 sind die Kennzeichnungen und Anforderungen an die einzelnen Stahlsorten sowie die Prüfungsmethoden festgelegt. Die Grundlagen für die Berechnung im Stahlbeton gibt die DIN 1o45 an.

BSt 22o/34o GU
Rundstahl mit glatter Oberfläche ohne Kennzeichen

BSt 22o/34o RU

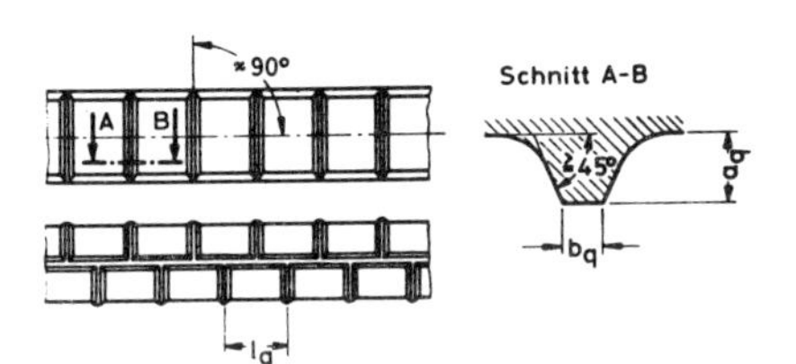

Abb. 2 Beton-Rippenstahl BSt 22o/34o BSt 22o/34o RU

BSt 42o/5oo

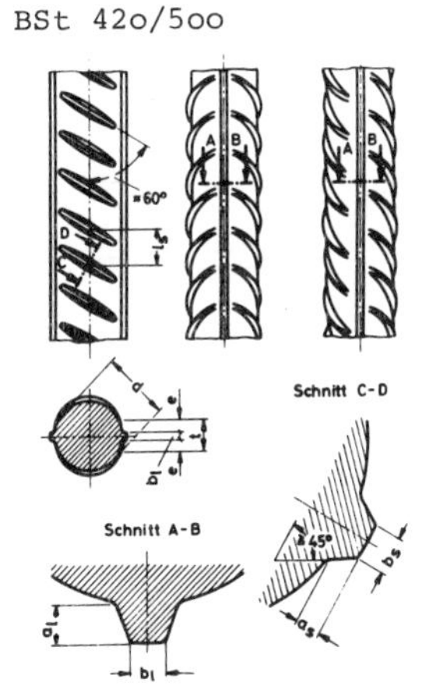

Abb. 3 Beton-Rippenstahl BSt 42o/5oo RU

BSt 42o/5oo RK

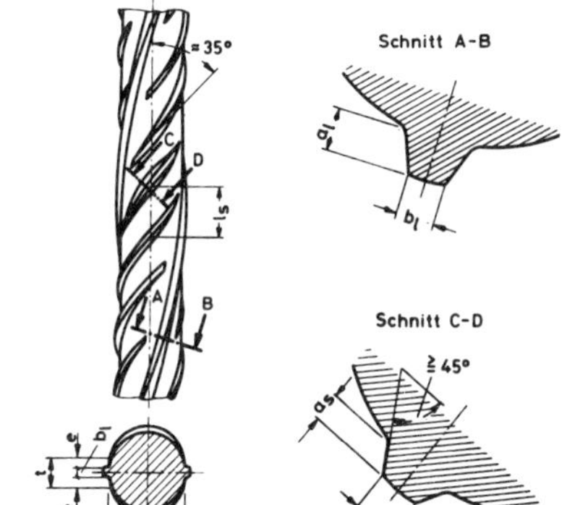

Abb. 4 Beton-Rippenstahl BSt 42o/5oo RK

BSt 5oo/55o GK

Rundstahl mit glatter Oberfläche zu Matten verarbeitet

BSt 5oo/55o PK

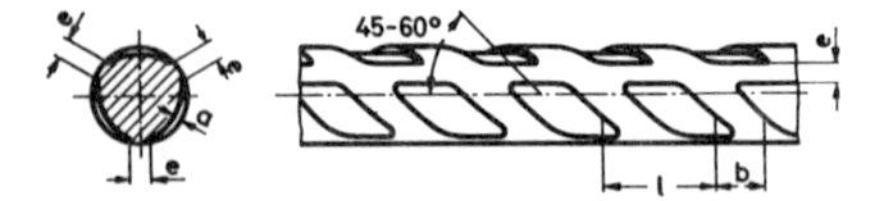

Abb. 5 Profilierter Beton-Stahl BSt 5oo/55o PK

BSt 5oo/55o RK

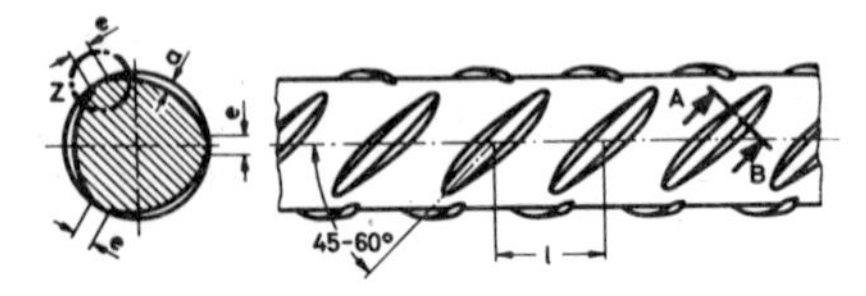

Abb. 6 Gerippter Beton-Stahl BSt 5oo/55o RK

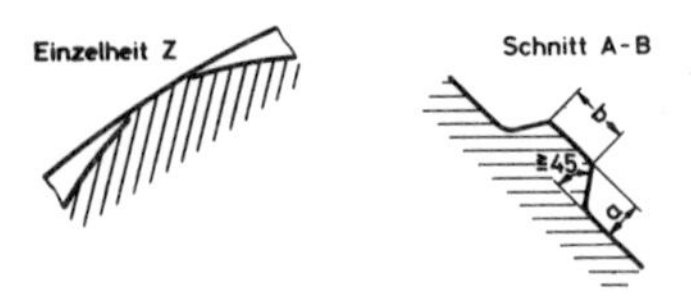

Der Betonstahl BSt 5oo/55o wird nur zu Matten verschweißt ausgeliefert. Matten mit Kunststoffknoten, wie sie die DIN 488 zuläßt, werden zur Zeit nicht hergestellt.

Hersteller der Stähle

Rippenstähle müssen in Abständen von 1 m ein Werkskennzeichen haben. Das herstellende Werk ist durch eine Anzahl von Rippen üblicher Dicke zwischen besonderen Kennzeichen zu ersehen. Das Kennzeichen kann aus einem Punkt oder einer verdickten Rippe, die bei einem BSt 5oo/55o auch senkrecht zur Stabachse liegen kann, bestehen.

Das Werkskennzeichen besteht bei Rippenstählen aus drei Abschnitten. Es beginnt mit einer normalen Rippe zwischen zwei dickeren Rippen, dem Anfangszeichen. Darauf folgt das Landeszeichen, das aus einer bis sechs normalen Rippen besteht, und danach der Werksnummer, jeweils durch dickere Rippen unterteilt.

Für das Herstellerland gelten

1 Rippe	Bundesrepublik Deutschland
2 Rippen	Benelux-Staaten und Schweiz
3 Rippen	Frankreich
4 Rippen	Italien
5 Rippen	-------
6 Rippen	Skandinavien

Bei punktgeschweißten Betonstahlmatten haben die Stähle nur ein Werkszeichen, das aus normalen Rippen zwischen besonderen Kennzeichen besteht. Wegen der hohen Zahl der Werksnummern, etwa 8o zur Zeit, kann bei zweistelligen Nummern die Zehnerstelle und die Einerstelle für sich allein angegeben werden. Die Trennung erfolgt durch ein besonderes Kennzeichen. Um Verwechslungen in der Leserichtung zu vermeiden, beginnt das Werkszeichen mit einem doppelten Kennzeichen.

2.1.3. Handelsübliche Abmessungen

Rundstahl in den Gruppen BSt 22o/34o und 42o/5oo wird in den Durchmessern von 6 mm bis 28 mm geliefert, gerippter Betonstahl der Gruppe 22o/34o bis 4o mm. Die Längen betragen allgemein 12 bis 14 m. Größere Längen bis 3o m liefern einzelne Werke bei Abnahme größerer Mengen.

Betonstahl der Gruppe BSt 5oo/55o wird nur zu punktgeschweißten Matten verarbeitet geliefert. Nicht geschweißte Betonstahlmatten, wie sie in der DIN 488, Blatt 4 vorgesehen sind, konnten sich bislang nicht durchsetzen.

Die geschweißten Betonstahlmatten werden im allgemeinen in Breiten von 1,85 m bis 2,65 m und Längen bis zu 12 m geliefert. Größere Längen und Breiten werden auf Anfrage hergestellt. Die Lieferung erfolgt als

1. Listenmatten — Stababstände, Stabdurchmesser und Mattenabmessungen werden vom Besteller angegeben.
2. Lagermatten — Stababstände, Stabdurchmesser und Mattenabmessungen werden vom Hersteller festgelegt.
3. Zeichnungsmatten — Aufbau der Matte richtet sich nach einer Zeichnung.

Die Stabdurchmesser für eine statisch nachzuweisende Bewehrung liegen zwischen 4,o mm und 12,o mm.

2.1.4. Prüfungen auf der Baustelle nach Paragraph 7.5.1.

Bei jeder Lieferung ist zu prüfen, ob die Stähle die festgelegten Kennzeichen der Hersteller und der Stahlgüte tragen. Nicht oder ungenügend gekennzeichnete Stähle dürfen nicht verarbeitet werden.

Soll der Stahl geschweißt werden, so ist die Eignung nach DIN 4o99 zu überprüfen.

2.1.5. Formgebung der Rundstähle nach Paragraph 18.3.

Rundstähle, besonders solche mit gerippter Oberfläche, müssen um drehbare Rollen gebogen werden, damit bei dem Biegen nicht noch zusäztliche Spannungen in dem Material erzeugt werden.

Bei Auf- und Abbiegungen der Stäbe, die auf Zug beansprucht werden, entstehen in der Abbiegestelle im Beton durch die Richtungsänderung der Zugkraft erhebliche Spaltkräfte im Beton, die nur dadurch aufgenommen bzw. verringert werden können, daß bei außenliegenden Stäben die seitliche Betondeckung vergrößert oder der Durchmesser der Biegerolle größer gewählt wird.

Vorsicht ist beim Biegen von geschweißten Betonstahlmatten geboten. Die Abbiegung darf frühestens im Abstand des vierfachen Durchmessers des Stabes von der Schweißstelle beginnen. Bei großen Biegerollendurchmessern von 5oo d_s bzw. 1oo d_s bei außenliegenden Schweißpunkten kann hiervorn abgegangen werden. Wird Rundstahl geschweißt, so darf die Krümmung frühestens in einem Abstand von 1o d_s anfangen. Hierbei ist es unerheblich, ob das Schweißen vor oder nach dem Biegen erfolgte.

	1	2	3	4
		BSt 220/340 GU	BSt 420/500 RU, RK 500/550 RU, RK	BSt 500/550 GK, PK
1	Stabdurchmesser d_s mm	Haken, Schlaufen, Bügel	Haken, Winkelhaken, Schlaufen, Bügel	Haken, Schlaufen, Bügel
2	< 20	2,5 d_s	4 d_s	
3	20 bis 28	5 d_s	7 d_s	
4	Betondeckung rechtwinklig zur Krümmungsebene	Aufbiegungen und andere Krümmungen von Stäben (z. B. in Rahmenecken) [31]		
5	> 5 cm und > 3 d_s	10 d_s	15 d_s [32]	
6	≦ 5 cm oder ≦ 3 d_s	15 d_s	20 d_s	

[31] Werden die Stäbe mehrerer Bewehrungslagen an einer Stelle abgebogen, sind für die Stäbe der inneren Lagen die Werte der Zeilen 5 und 6 mit dem Faktor 1,5 zu vergrößern.

[32] Der Biegerollendurchmesser darf auf d_{br} = 10 d_s vermindert werden, wenn die Betondeckung rechtwinklig zur Krümmungsebene und der Achsabstand der Stäbe mindestens 10 cm und mindestens 7 d_s betragen.

Tabelle 18 Mindestwerte der Biegerollendurchmesser d_{br}

Bei Betonstählen BSt 22o/34o R mit einem Durchmesser, der größer als 28 mm ist, wird für Haken ein Biegerollendurchmesser d_{br} = 1o d_s empfohlen.

2.1.6. Haken nach Paragraph 18.5.2. (DIN 1o45)

Zum Verankern von auf Zug beanspruchten Stahlstäben müssen bei Stählen mit glatter Oberfläche immer Haken angebogen werden. Bei Stählen mit profilierter oder gerippter Oberfläche ist es oft zweckmäßig, Haken oder Winkelhaken anzubiegen

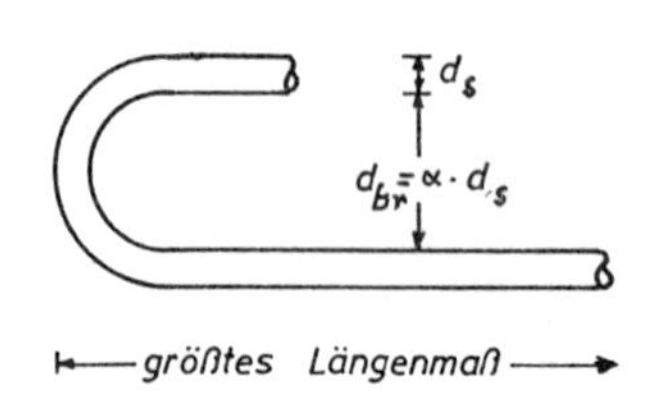

Abbildung 7 Haken

Die Hakenzuschläge nach der Tafel 1 beziehen sich auf einen Haken, sie werden zu dem größten Längenmaß des Stabes zugeschlagen. Der Tabelle liegt ein gerader Hakenüberstand von 5 d_s zu grunde.

Zuschläge für einen Haken bei Betonstählen														
DJS	6	8	1o	12	14	16	18	2o	22	25	28	32	36	4o
Haken														
BSt 22o/34o G	5	7	9	1o	12	14	15	22	25	28	31			
BSt 22o/34o R BSt 42o/5oo R BSt 5oo/55o R,G,P	6	8	1o	12	14	16	18	27	29	33	37	53	59	66
Winkelhaken														
BSt 22o/34o R BSt 42o/5oo R BSt 5oo/55o R	4	5	6	8	9	1o	11	14	15	17	19	25	28	31
Bei Bügeln	7	9	11	14	16	18	2o	24	26	3o	33	41	46	51
Biegerollendurchmesser														
BSt 22o/34o G	2	2	3	3	4	4	5	1o	11	13	14			
BSt 22o/34o R BSt 42o/5oo R BSt 5oo/55o R,G,P	3	4	4	5	6	7	8	14	16	18	2o	32	36	4o

Tafel 1 Hakenzuschläge und Biegerollendurchmesser in cm

2.1.7. Abrechnung von Rundstahl

Die Abrechnung von Rundstahl erfolgt nach den Tabellen der DIN 488 nach mittleren Durchmessern und Gewichten. Die tatsächlichen Querschnitte und damit auch die Gewichte können bis zu 4% von den Tafelwerten abweichen. Es entstehen dadurch unter Umständen Differenzen, da der Stahl nach dem tatsächlichen Gewicht eingekauft aber nach einem mittleren Gewicht abgerechnet wird. Das Gewicht des Stahles wird für die Abrechnung an hand einer Stahlliste ermittelt. Als Beispiel für eine Stahlliste wird auf das Formular HT 13 des Wernerverlages hingewiesen.

	Stahlliste zu Zeichnung Nr.	Seite
	Projekt	Datum
	Bauteil	

Pos. der Statik	Nr. des Eisens	Anzahl Ansatz	Anzahl Stück	St Güte	Ø mm	Einzel-länge m	Gesamtlängen (m) St Ø	St Ø	St Ø	St Ø	St Ø	St Ø	St Ø	St Ø

Zusammenstellung			Gesamtlängen (m)								
St		kg	%/ Verschnitt								
St		kg	Gesamtlängen (m)								
St		kg	Gewicht (kg/m)								
			Gesamtgewicht je Ø								

Best.-Nr. HT 13 Werner-Verlag GmbH, Düsseldorf 1, Berliner Allee 11a - Urheberrechtlich geschützt - Nachdruck verboten

Abbildung 8 Beispiel einer Stahlliste

2.1.8. Betonstahlmatten

Betonstahl-Matten werden in folgenden Formen geliefert:

1. Lagermatten

Die Bezeichnung der Lagermatten setzt sich aus einem Buchstaben und einer Zahl zusammen.

N: Nur für nicht - statische Zwecke zu verwenden, z.B. Bewehren von Estrichen oder als Schwindbewehrung. Der Durchmesser der Einzelstäbe beträgt 3.o mm.

Q: Matten mit annähernd gleichem Stahlquerschnitt je Meter in beiden Richtungen. Sofern die Matten mit Doppelstäben in der Längsrichtung ausgeführt werden, werden diese Matten mit vier Einzelstäben am Rande ausgeführt. Die Matten haben zum besseren Unterscheiden quadratische Maschen von 15o mm Seitenlänge.

R: Matten mit einer Querbewehrung von etwa 1/5 der Längsbewehrung. Die Maschen haben in der Längsrichtung eine Länge von 25o mm und in der Querrichtung von 15o mm. Bei Doppelstabmatten wird der Randbereich mit zwei Einzelstäben gebildet.

K: Matten mit den gleichen Anforderungen an die Querschnittsabmessungen wie bei den R-Matten. Wegen des größeren Querschnittes beträgt der Abstand der Längsstäbe 1oo mm, die Längsränder gleichen den Q-Matten.

Zahl: Die Zahl gibt den 1oo-fachen Querschnitt der Längsbewehrung in cm^2/m an.

Beispiel: R 188 Längsbewehrung 1,88 cm^2/m

Querbewehrung
o,5o cm^2/m

Bei dieser Matte ist der Mindes-Querschnitt von ø 4,o/25o verwendet worden. Von der R 257 an werden größere Durchmesser verwendet, so daß die Forderung 'Querbewehrung gleich 1/5 der Längsbewehrung' eingehalten wird.

Abmessungen der Matten

Die Matten bis zu einem Querschnitt der Längsbewehrung von 4,43 cm^2/m werden in Längen von 5.oo m - auf Wunsch auch in der doppelten Länge - gehandelt. Die schwereren Matten haben eine Länge von 6.oo m. Die Breite beträgt einheitlich 2,15 m.

Überstände der Stäbe bei

	R-und K-Matten	Q-Matten
längs (mm)	125	1oo
quer (mm)	25	25

2. Z bzw. VZ-Matten

Die Z bzw. VZ-Matten stellen eine Sonderform der Lagermatten dar. Während die Lagermatten nur in Längen von 5,oo m bzw. 6,oo m geliefert werden, kann man bei diesen Matten die Länge zwischen 3,oo m und 12,oo m selbst bestimmen. Die Grundabmessungen hinsichtlich der Durchmesser und der Stababstände liegen fest.

Die Auswahl der Querschnitte geht aber von ZR 131/5o bis zu ZK 2262/452 bzw. ZQ 84/84 bis zu ZQ 2262/1131 viel weiter als bei den Lagermatten. Die zweite Zahl der Bezeichnung gibt den Querschnitt der Querbewehrung an. Ist der Querschnitt der Querbewehrung bei den R- und K-Matten etwa 1/5 der Längsbewehrung, so stehen bei den Q-Matten Querbewehrungen mit etwa 5o% bis 8o% zur Auswahl. Die Überstände der Längsstäbe können an einem Ende zwischen 25 mm und dem Abstand der Querstäbe gewählt werden, an dem anderen Ende kann der Überstand bis zu 1.ooo mm lang sein. Die Überstände in der Querrichtung sind immer 25 mm. Die Breite der Z-Matten kann bis 2.65 m betragen.

3. Listenmatten

Listenmatten werden nach den Angaben des Bestellers unter Beachten der technischen Bedingungen angefertigt.

Überstände der Stäbe über einen Schweißknoten hinaus mindestens 25 mm. Auf die Verschweißbarkeit der einzelnen Stäbe untereinander ist zu achten. Abstände in der Längsrichtung von Stab zu Stab 5o mm, 1oo mm, 15o mm, 2oo mm, 25o mm, 3oo mm bei Einzelstäben, bei Doppelstäben 1oo mm, 15o mm und 2oo mm.
Die Abstände der Querstäbe können in Stufen von 25 mm, von 5o mm bis 35o mm gewählt werden.
Die größte Breite einer Matte darf wegen des Staßentransportes 2.45o mm nicht überschreiten, die größte Länge ist mit 12.ooo mm festgelegt.
Größere Längen und Breiten können unter Umständen nach Rücksprache mit dem Herstellerwerk angefertigt werden. Die möglichen Breiten einer Doppelstabmatte sind bei 1oo mm Abstand der Längsstäbe dann: 1.85o mm, 1.95o mm, 2.o5o mm,

2.15o mm, 2.25o mm, 2.35o mm, 2.45o mm, 2.55o mm und 2.65o mm.
Bei einem Abstand von 15o mm:
1.85o mm, 2.ooo mm, 2.15o mm, 2.3oo mm, 2.45o mm und 2.6oo mm.
Doppelstäbe können nur in der Längsrichtung einer Matte vorgesehen werden. Zum Bezeichnen der Randgestaltung der Matten sind verschiedene Buchstaben gebräuchlich.
Ohne Kennbuchstaben: Matten mit Einfachstäben ohne Randeinsparung
D : Doppelstabmatten ohne Randeinsparung
R : Doppelstabmatten mit zwei Einfachstäben an jedem Längsrand
V : Doppelstabmatten mit drei EInfachstäben an jedem Längsrand
Q : Doppelstabmatten mit vier Einfachstäben an jedem Längsrand

4. Zeichnungsmatten

Bewehrungsmatten mit abgestufter Bewehrung, wie sie in großer Zahl im U-Bahnbau benötigt werden, können nach Zeichnung angefertigt werden. Auf Wunsch können diese Matten auch einbaufertig gebogen angeliefert werden.

5. Sondermatten

Für häufig vorkommende Fälle sind besondere Matten entwickelt worden, die durch Warenzeichen geschützt sind. Für den konstruktiven Ingenieurbau kommen die folgenden Matten in Betracht:

Abstandshalter APSTA

Zum Unterstützen der an der Oberseite einer Platte zu verlegenden Bewehrung können Abstandshalter von Baustahlgewebe im Abstand von 4o cm bis 6o cm in jeder Richtung versetzt werden. Die

Abstandshalter werden in vorgebogenen Körben von 2.oo m Länge angeliefert, die Stückzahl beträgt 7 Abstandshalter. Die Abstandhalter A 8 bis A 2o werden bevorzugt am Lager gehalten, die Größen A 21 bis A 4o sind kurzfristig lieferbar. Die Zahl hinter dem Buchstaben A gibt die Unterstützungshöhe an. Die Abstandshalter haben einen Rostschutzanstrich an den Aufstandspunkten, für Sichtbeton ist eine Kunststoffummantelung möglich.

Bügelmatten

BÜMA

Für die Bügelbewehrung von Balken hat Baustahlgewebe Sondermatten, die BÜMA, entwickelt. Diese Matten gibt es in den Breiten von 7o cm bis 2oo cm in ungebogenem Zustand bei einem Bügelabstand von 15 cm. Die Bügeldurchmesser variieren von 5.o mm über 6.o mm zu 7.o mm. Die Länge dieser Matten beträgt 2.15 m. Die Bezeichnung ist z.B. BM 14o/15o · 6.o.

Diese Matte ist 14o cm breit, hat einen Abstand der Bügel von 15o mm und einen Bügeldurchmesser von 6.o mm.

Tragstreifen

TeESS

In Verbindung mit den Bügelmatten können sogenannte Tragstreifen TeESS mit 6 Längsstäben ∅ 6 bis ∅ 12 mm bei 27 cm Breite verlegt werden, gegebenenfalls kann man diese Streifen auch der Länge nach aufteilen. Die Tragstreifen werden in 1o m Länge angeliefert. Der Abstand der Längsstäbe beträgt jeweils 5o mm. Aus Stabilitätsgründen werden die Längsstäbe durch Querstäbe im Abstand von 3oo mm gehalten.

Für eine Bestellung von Betonstahl- Matten sind die folgenden Angaben unbedingt erforderlich:

Kennbuchstabe der Randeinsparung	Abstand der Längsbewehrung	Abstand der Querbewehrung	Durchmesser der Längsbewehrung	Durchmesser der Querbewehrung

zum Beispiel die Lagermatte R 317

R	15o ·	25o ·	5,5 d ·	4,5

Weiterhin: Länge der Matte, Breite der Matte, Überstände in Längs- und Quer-Richtung, gegebenenfalls verschiedene Maße und die Anzahl der gewünschten Matten.

Eine andere Schreibweise erfolgt mit einem Bruchstrich. Die Angaben des "Zählers des Bruches" beziehen sich auf die Längsbewehrung und die Länge der Matte, die des "Nenners" auf die Querbewehrung und die Breite der Matte.

Abstand der Stäbe	Durchmesser im Innenbereich	Durchmesser im Randbereich	Anzahl der Randstäbe links/rechts bzw. Anfang/Ende

Länge bzw. Überstände Anfang/Ende bzw. links/rechts

Breite der Matte

zum Beispiel die Lagermatte R 317

15o · 5.5d / 5.5 - 2/2	5.oo	125	125
25o · 4.5 / - -/-	2.15	25	25

Die Bestellung erfolgt zweckmäßigerweise auf den Formblättern. Die Abrechnung führt man am besten nach Schneideskizzen durch, wobei einmal alle erforderlichen Abschnitte dargestellt sein müssen aber ebenso alle notwenigen Kombinationen einzelner Abschnitte, um das zuerst genannte Ziel zu ermöglichen.

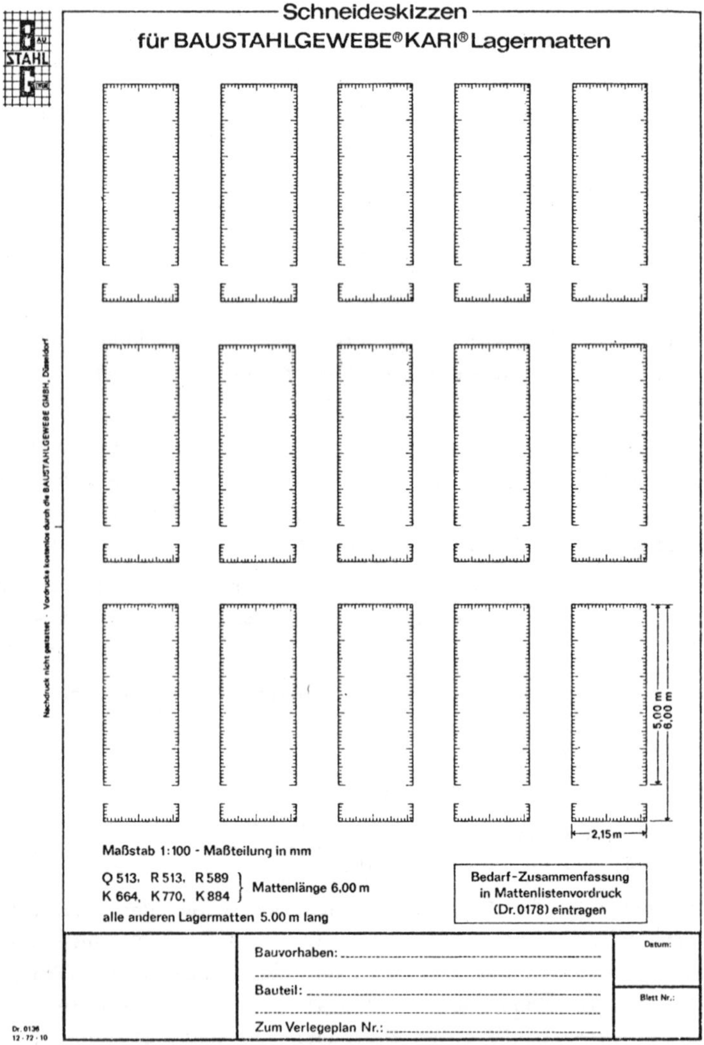
BAU STAHL GEWEBE
Schneideskizzen
für BAUSTAHLGEWEBE® KARI® Lagermatten
5,00 m
6,00 m
2,15 m
Maßstab 1:100 - Maßteilung in mm
Q 513, R 513, R 589 / K 664, K 770, K 884 — Mattenlänge 6,00 m
alle anderen Lagermatten 5.00 m lang
Bedarf-Zusammenfassung in Mattenlistenvordruck (Dr. 0178) eintragen
Bauvorhaben:
Bauteil:
Zum Verlegeplan Nr.:
Datum:
Blatt Nr.:
Nachdruck nicht gestattet · Vordrucke kostenlos durch die BAUSTAHLGEWEBE GMBH, Düsseldorf
Dr. 0136
12 · 72 · 10

Abbildung 9 Schneideskizzen

Mattenliste für

BAUSTAHLGEWEBE® KARI® Matten

der BAUSTAHLGEWEBE GMBH Düsseldorf

Datum: ....

Bauvorhaben: .... Zeichn.: ....

Baustelle bzw. Ausführung: .... Kom.-Nr.: ....

Bauteil	Pos.	Anzahl	Mattenbezeichnung	lang m	breit m	Überstand in mm längs	Überstand in mm quer	kg/qm	Gesamt-Gewicht kg

Erläuterung zur Bezeichnung der BAUSTAHLGEWEBE Listenmatten:

Mattenbezeichnung	Schnittdarstellung parallel zu den Querstäben
150 · 250 · 5,0 · 4,5	
D 150 · 250 · 5,0d · 4,5	
R 150 · 250 · 5,0d · 4,5	
V 150 · 250 · 8,0d · 7,0	
Q 150 · 200 · 5,0d · 4,5	

Dr. 0178t – 12 – 72 – 10

Abbildung 1o **Mattenlisten**

2.2. Beton nach Paragraph 6.5 (DIN 1o45)

2.2.1. Bindemittel nach Paragraph 6.1. (DIN 1o45)

Bestandteile	PZ	EPZ	HOZ	TrZ
	(Gew.-o/o)			
Portlandzementklinker	100	min 65	64-15	80-60
Hüttensand +)	-	max 35	36-85	-
Traß	-	-	-	20-40
+) Schnell gekühlte (granulierte) Hochofenschlacke				

Tafel 2 Zusammensetzung der Normenzemente

Festigkeitsklasse		Druckfestigkeit (N / mm²) nach 2 Tagen min	7 Tagen min	28 Tagen min	28 Tagen max
25		-	10	25	45
35	L	-	17.5	35	55
35	F	10		35	55
45	L	10	-	45	65
45	F	20	-	45	65
55		30	-	55	-

25 nur für Zement mit niedriger Hydrationswärme (NW) und / oder hohem Sulfatwiderstand (HS)
L = Zement mit langsamerer Anfangserhärtung
F = Zement mit höherer Anfangsfestigkeit

Tafel 3 Festigkeitsklassen der Normenzemente

Anforderungen an Zemente NW und HS
Zement NW mit niedriger Hydrationswärme darf in den ersten 7 Tagen eine Wärmemenge von höchstens 27o Nm je g Zement entwickeln. (1 N = 1 J = 1 Ws)

Als Zement HS mit hohem Sulfatwiderstand gelten:

1. PZ mit höchstens 3 Gewichts - o/o C_3A und höchstens 5 Gewichts - o/o Al_2O_3.
3. HOZ mit mindestens 7o Gewichts-o/o Hüttensand.

Festigkeitsklasse	Farbe des Sackes bzw. Anheftblattes	Farbe des Aufdruckes
25	violett	schwarz
35 L	hellbraun	schwarz
35 F		rot
45 L	grün	schwarz
45 F		rot
55	rot	schwarz

Tafel 4 Kennfarben für die Festigkeitsklassen

2.2.2. Betonzuschläge nach Paragraph 6.2. (DIN 1o45)

Maschensiebe (mm)				Quadratlochsiebe (mm)				
0,25	0,5	1,0	2,0	4	8	16	31,5	63

Tafel 5 Prüfsiebe

Zuschlag mit		Bezeichnung für Zuschläge	
Kleinstkorn (mm)	Größtkorn (mm)	ungebrochen	gebrochen
-	0,25	Feinstsand	Feinstbrechsand
-	1	Feinsand	Feinbrechsand
1	4	Grobsand	Grobbrechsand
4	32	Kies	Splitt
32	63	Grobkies	Schotter
Ein Gemisch aus Sand und Kies heißt Kiessand			

Tafel 6 Bezeichnung des Zuschlages

Prüfung der Zuschläge

Die vorgesehenen Zuschläge sind nach DIN 4226 Blatt 3 - Ausgabe 197o - auf ihre Eignung hin zu prüfen.

1. Kornzusammensetzung

Von dem angelieferten Zuschlag ist eine Zuschlagmenge zu entnehmen, die viermal so groß ist wie die benötigte Probenmenge nach Tabelle 1 der DIN 4226 Blatt 3. Die Angaben über die erforderlichen Mengen gelten für dichtes Gefüge, bei porigem Gefüge des Zuschlages ist jeweils die Hälfte von den angegebenen Mengen zu entnehmen.

Größtkorn in mm	Zuschlag - menge in kg
2	40
8	80
32	120
63	160

Tafel 7 Zuschlagmengen zum Prüfen der Kornzusammensetzung

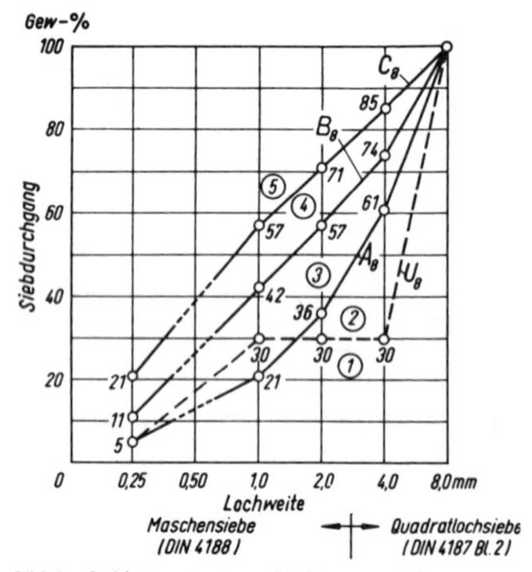

Bild 1. Sieblinien mit einem Größtkorn von 8,0 mm

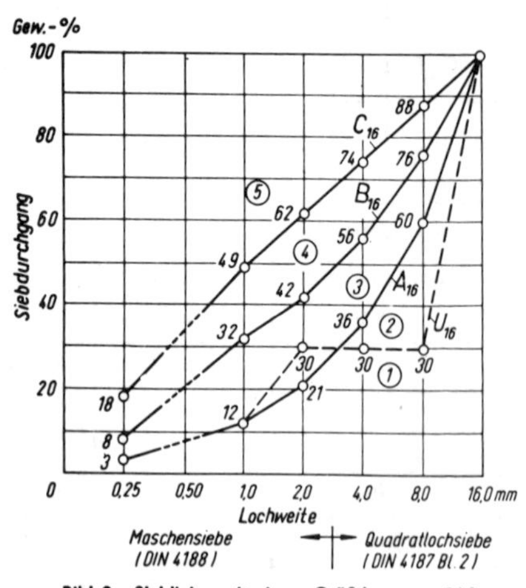

Bild 2. Sieblinien mit einem Größtkorn von 16,0 mm

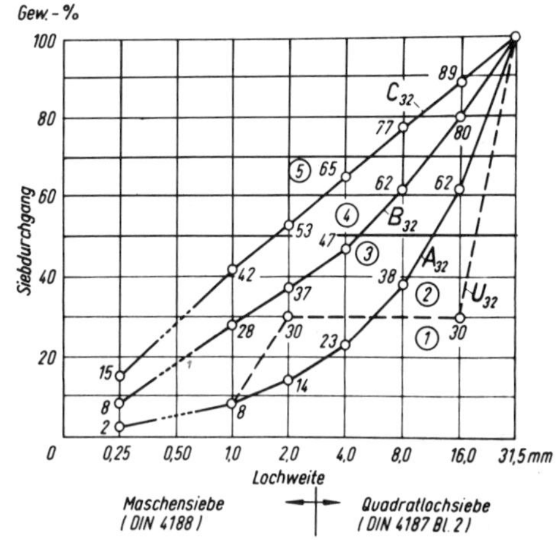

Bild 3. Sieblinien mit einem Größtkorn von 32,0 mm

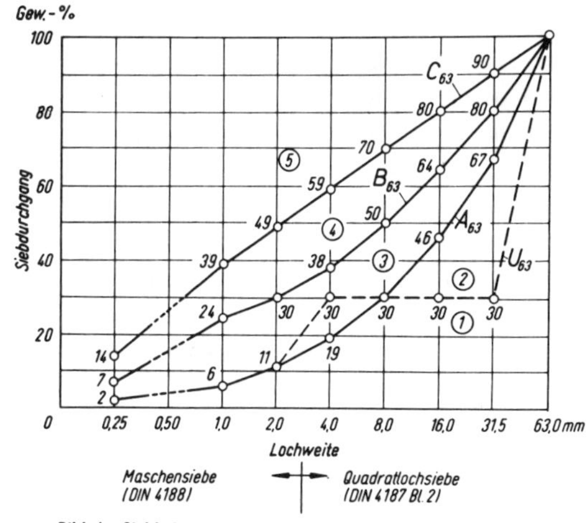

Bild 4. Sieblinien mit einem Größtkorn von 63,0 mm

Die Zuschlagmenge wird in einem Probenteiler auf ein Viertel, die Probemenge, vermindert. Ist kein Probenteiler vorhanden, so ist das Zuschlaggut auf einer ebenen, sauberen Unterlage zu durchmischen und gleichmäßig hoch auf eine Kreisfläche zu verteilen. Die Kreisfläche wird in Viertel aufgeteilt, zwei gegenüberliegende Viertel werden ausgesondert. Dieser Vorgang wird einmal wiederholt, so daß die Probemenge auf der Unterlage zurückbleibt. Die Probemenge ist bei etwa 1o5°C zu trocknen, in vier Teile aufzuteilen und dann abzusieben. Das Mittel aus drei Siebversuchen ist für die weiteren Untersuchungen maßgebend. Sollten abschlämmbare Bestandteile an den Zuschlagkörnern haften, ist eine Naßsiebung durchzuführen. Einzelheiten sind der DIN 4226 zu entnehmen.

An Hand der ermittelten Kornzusammensetzungen wird das Zuschlaggemisch zusammengesetzt, und der Wasseranspruch bestimmt. Der Siebversuch ist nach Paragraph 7.3. bei der ersten Anlieferung, in angemessenen Abständen und bei einem Wechsel des Lieferwerkes (Grube) durchzuführen.

2. Abschlämmbare Bestandteile bis etwa o.o63 mm Korngröße. Etwa 5oo g feuchter oder lufttrockener Zuschlag, bei porigem Gefüge die Hälfte, wird mit etwa 75o ml Wasser in einem 1.ooo ml - Meßzylinder dreimal im Abstand von 2o Minuten kräftig geschüttelt und zum Absetzen erschütterungsfrei abgestellt. Nach einer Stunde wird die Dicke der Schicht aus den abschlämmbaren Teilen gemessen. Die mit dem bloßen Auge erkennbaren Sandkörner werden nicht mitgemessen. Das Trockengewicht der Schlämmschicht kann bei natürlichen Zuschlägen mit o.6 g/cm^3 angenommen werden. Der abschlämmbare Anteil darf die folgenden Werte nicht überschreiten, sofern die Brauchbarkeit des mit diesen Zuschlägen hergestellten Betons nicht besonders nachgewiesen wird.

kleinster		größter		Anteil
Siebdurchmesser				in o/o
von	bis	von	bis	
0		1	4	4
1		2	4	3
2			4	
2	4		8	2
4	8	16	32	0,5
16		32	63	
32			63	

Tafel 8 Größtwerte abschlämmbarer Anteile

3. Stoffe organischem Urspunges.

Die Prüfung wird nur mit einem Größtkorn von 8 mm durchgeführt. In eine Flasche aus farblosem Glas mit einem Durchmesser von etwa 65 bis 7o mm und einem Inhalt von etwa 3ooml werden ca. 13o ml Zuschlag gegeben und auf 2oo ml mit 3%-Natronlauge aufgefüllt und verschlossen. Die Flasche hat zweckmäßigerweise zwei entsprechende Marken. Der Inhalt wird gründlich durchgeschüttelt. Treten dunkle, wolkige Verfärbungen auf, ist noch einmal zu schütteln. Nach 24 Stunden wird die Verfärbung festgestellt. Aus der Verfärbung lassen sich die folgenden Schlüsse ziehen:

klar bis hellgelb	wahrscheinlich keine wesentlichen Beimengungen
hochgelb	mit Bedenken noch brauchbar
tiefgelb, bräunlich, rötlich	Vorsicht geboten (unbrauchbar)

Zuckerähnliche Beimengungen werden durch diesen Versuch nicht nachgewiesen.

2.2.3. Zugabewasser nach Paragraph 6.4. (DIN 1o45)

Brauchbar sind alle in der Natur vorkommenden Wässer, soweit sie nicht Bestandteile enthalten, die das Erhärten des Betons ungünstig beeinflussen, z.B. gewisse Industrie-Abwässer. Im Zweifelsfalle ist eine Untersuchung durch ein anerkanntes Laboratorium erforderlich. Wässer, die nach DIN 4o3o als beton-angreifend bezeichnet werden, können mit Einschränkungen als Zugabewasser verwendet werden, da die aggressiven Bestandteile des Zugabewassers durch einen erhöhten Zementzusatz neutralisiert werden können und dann unschädlich sind.

1. Allgemeine Untersuchung
Das zur Untersuchung bestimmte Wasser ist in zwei 1/2 bis 1 Liter fassenden sauberen Flaschen an das Institut zu schikken. Bei einer Entnahme aus einer Leitung muß das Wasser mindestens 1o Minuten vorher ablaufen, da es Metallsalze aus der Leitung aufgenommen haben kann. Das Wasser muß außerdem vor Beginn der Baumaßnahme entnommen werden, da durch Bindemittel, die in den Untergrund gelangen können, die Zusammensetzung des Wasser verändert werden kann.

2. Verdacht auf aggressive Kohlensäure
Nachweis: Farblose Glasstöpselflasche von 1oo ml unter Wasser füllen. In die ganz volle Flasche zwei Tropfen Kupervitriollösung geben - 1o g $CuSO_4 \cdot 5\ H_2O$ in 1oo ml destilliertem Wasser. Kräftig schütteln. Auf tiefschwarze Unterlage stellen. Wird binnen einer halben Minute eine Trübung eben sichtbar, so ist keine angreifende Kohlensäure vorhanden, sonst bleibt das Wasser stundenlang klar.

Zum Untersuchen im Laboratorium schickt man zwei Flaschen mit Glasstopfen von 25o bis 3oo ml Inhalt mit 3 g Marmor-Pulver - $CaCO_3$ - ein. Das Marmorpulver bindet etwa frei werdende Kohlensäure. Die Flaschen sind mit dem Pulver von dem Untersuchungsinstitut anzufordern.

3. Verdacht auf Schwefelwasserstoff
Für eine Untersuchung auf Schwefelwasserstoff müssen zwei Flaschen mit 5oo bis 1.ooo ml Inhalt unter Zugabe von 1 g kristallisiertem Kadmiumacetat - $Cd(C_2H_3O_2)_2 \cdot H_2O$ - eingesandt werden.

2.2.4. Beton, allgemein

Unterscheidungs-Merkmale	Bezeichnung		
Rohdichte in t / m³	Betonart	Rohdichte	Zuschläge
	Schwerbeton	>2,8	Schwerspat Stahlsand Stahlschrott
	Normalbeton	2,8 - 2,0	Sand Kies Splitt Hochofen - schlacke
	Leichtbeton	<2,0	Blähschiefer Blähton Hüttenbims Naturbims
Ort des Herstellens		Abmessen der Bestandteile	Mischen der Bestandteile
	Baustellenbeton	Baustelle	Baustelle
	Transportbeton werkgemischt fahrzeuggemischt	 Werk Werk	 Werk Fahrzeug
Ort des Einbringens	Ortbeton	Erhärten in endgültiger Lage	
	Fertigteile	Einbau nach dem Erhärten	
Erhärtungs - zustand	Frischbeton	noch verarbeitbar	
	Festbeton	erhärtet, nicht mehr verarbeitbar	

Tafel 9 Begriffsbestimmungen für Betone

	1	2	3	4	5	6
	Beton-gruppe	Festigkeits-klasse des Betons	Nennfestigkeit [12] β_{WN} (Mindestwert für die Druckfestigkeit β_{W28} jedes Würfels nach Abschnitt 7.4.3.5.2) N/mm²	Serienfestigkeit β_{WS} (Mindestwert für die mittlere Druck-festigkeit β_{Wm} jeder Würfelserie) N/mm²	Herstellung nach	Anwendung
1	Beton B I	B 5	5,0	8,0	Abschnitt 6.5.5	Nur für unbe-wehrten Beton
2		B 10	10	15		
3		B 15	15	20		Für unbewehrten und bewehrten Beton
4		B 25	25	30		
5	Beton B II	B 35	35	40	Abschnitt 6.5.6	
6		B 45	45	50		
7		B 55	55	60		

[12]) Der Nennfestigkeit liegt die 5 %-Fraktile der Grundgesamtheit zugrunde.

Tabelle 1 Festigkeitsklassen des Betons und ihre Anwendung

	1	2	3	4	5	6
	Konsistenz-bereich	Eigenschaften des Feinmörtels	Eigenschaften des Frischbetons beim Schütten	Verdichtungsmaß v	Ausbreitmaß cm	Verdichtungsart
1	K 1 steifer Beton	etwas nasser als erdfeucht	noch lose	1,45 bis 1,26	-	kräftig wirkende Rüttler und/oder kräftiges Stampfen in dünner Schütt-lage
2	K 2 plastischer Beton	weich	schollig bis knapp zusammen-hängend	1,25 bis 1,11	≦ 40	Rütteln und/oder Stochern oder Stampfen
3	K 3 weicher Beton	flüssig	schwach fließend	1,10 bis 1,04	41 bis 50	Stochern und/oder leichtes Rütteln u.ä.

Tabelle 2 Konsistenzbereiche des Frischbetons

Besondere Bedingungen für einen Beton B I ohne Eigungsprüfung nach Paragraph 6.5.5.

Bei einem Beton B I ohne Eignungsprüfung muß die Sieblinie der Zuschläge stetig zwischen den Sieblinien A und C - Bereiche 3 und 4 - verlaufen. Außerdem sind die Mindest-Mengen an Zement nach der Tabelle 4 zu verwenden.

	1	2	3	4	5
	Festigkeitsklasse des Betons	Sieblinienbereich des Zuschlags [13])	Mindestzementgehalt in kg je m^3 verdichteten Betons für Konsistenzbereich		
			K 1 [14])	K 2	K 3
1	B 5 [14])	günstig (3)	140	160	-
2		brauchbar (4)	160	180	-
3	B 10 [14])	günstig (3)	190	210	230
4		brauchbar (4)	210	230	260
5	B 15	günstig (3)	240	270	300
6		brauchbar (4)	270	300	330
7	B 25	günstig (3)	280	310	340
8		brauchbar (4)	310	340	380

[13]) Siehe Abschnitt 6.2.2.2
[14]) Nur für unbewehrten Beton

Tabelle 4 Mindestzementgehalt für Beton B I bei Zuschlag mit einem Größtkorn von 32 mm und Zement der Festigkeitsklasse 35o nach DIN 1164.
Für Stahlbeton kommen nur die Betonklassen B 15 und B 25 in den Konsistenzbereichen K 2 und K 3 in Betracht.

Der Zementgehalt nach Tabelle 4 muß vergrößert werden um
15% bei Zement der Festigkeitsklasse 25
1o% bei einem Größtkorn des Zuschlages von 16 mm
2o% bei einem Größtkorn des Zuschlages von 8 mm

Der Zementgehalt nach Tabelle 4 darf verringert werden um
höchstens 1o% bei Zement der Festigkeitsklasse 45
höchstens 1o% bei einem Größtkorn des Zuschlages von 63 mm.

Bei einem Verringern des Zementanteiles ist auf die Mindestmengen des Zementes zum ausreichenden Korrosionsschutz der Bewehrung nach Tafel 11 auf Seite 45 zu achten.

Besondere Bedingungen für einen Beton BI mit Eignungsprüfung nach Paragraph 7.4.2. (DIN 1o45)

Bei einem Beton B I mit Eignungsprüfung kann von den Anforderungen der Tabelle 4 abgewichen werden. Eine Eignungsprüfung muß durchgeführt werden, wenn Mischbinder bei einem B 5 oder Betonzusatzmittel verwendet werden sollen oder Betonzusatzstoffe, die nicht mineralisch sind oder die auf den Bindemittelgehalt angerechnet werden sollen. Bei der Eignungsprüfung müssen die folgenden Anforderungen erfüllt werden:

	Betonfestigkeitsklasse	Druckfestigkeit N/mm^2	Konsistenz
1	B 5	11	an der oberen Grenze des Konsistenzbereiches nach Tabelle 2
2	B 1o	2o	
3	B 15	25	
4	B 25	35	

Tafel 1o Mindestfestigkeiten (Mittel von 3 Würfeln einer Mischung) bei einer Eignungsprüfung

Besondere Bedingungen für einen Beton B II nach Paragraph 6.5.6. (DIN 1o45)

Die vorgesehene Betonfestigkeit muß durch eine Eignungsprüfung nachgewiesen werden. Die Zusammensetzung des Beton bei dem Bauwerk muß dem Beton der Eignungsprüfung entsprechen. Der Zementgehalt und das Wasser/Zement-Verhältnis sind in angemessenen Abständen während des Betonierens zu überprüfen, desgleichen die Konsistenz.

Allgemeine Anforderungen an Betone B I und B II nach Paragraph 6.5. (DIN 1o45)

	Beton	Festigkeitsklasse des Zementes	Mindest-Zementgehalt in kg/m^3	Höchstzulässiger W/Z-Wert bei B II
1	unbewehrt	-	1oo	-
2	bewehrt	25	28o	o,65
3		35	24o	o,75

Tafel 11 Mindest-Zementgehalte und Höchst-W/Z-Werte

	Betonfestigkeitsklasse	Betongruppe	Sieblinie	Korngruppen
1	B 5	B I	stetig	o - 32
2	B 1o			o - 4, 4 - 32
3	B 15			
4	B 25			
5	B 35 bis B 55	B II	stetig	o - 2, 2 - 8, 8 - 32
			unstetig	o - 2, 2 - (8) 16

Tafel 12 Korngruppen bei B I und B II

Ein gut zu verarbeitender Beton muß einen bestimmten Anteil der Korngruppe o - o,25 mm haben, das sogenannte Mehlkorn. Auf den erforderlichen Anteil ist der Zement anzurechnen, darüber hinaus sind mineralische Stoffe wie Quarz- oder Traßmehl zuzusetzen. Eine gleiche Wirkung wie das Mehlkorn haben die Mikro-Luftporen bei Verwendung von Luftporenbildnern. Als Gleichwert für die Luftporen kann für 1 l/m^3 Poren 1,5 kg/m^3 Mehlkorn angesetzt werden. Da sich die Mikro-Luftporen günstig auf die Verarbeitung des Betons auswirken, können die nachteiligen Auswirkungen eines zu hohen Anteiles an Mehlkorn wie ein erhöhter Wasseranspruch oder verminderter Abnutzungswiderstand vermindert werden. Weiterhin darf der Bedarf an Anmachewasser für jedes Prozent an Mikro-Luftporen um 3 l/m^3 vermindert werden. Bei dem Berechnen des Wasser-Zement-Wertes kann die verflüssigende Wirkung der Luftporen durch eine rechnerische Vergrößerung der Anmachewassermenge erfaßt werden. Geht man davon aus, daß in einem durchschnittlichen Beton etwa 1,5% Luftporen nach dem Verdichten vorhanden sind, so sind die darüber hinausgehenden Luftporen als 'Wasser' in Rechnung zu stellen.

	Größtkorn des Zuschlaggemisches mm	Mittlerer Luftgehalt Vol. - o/o	Mehlkorngehalt in 1 m^3 verdichteten Betons in kg
1	8	≧5,0	~525
2	16	≧4,0	~450
3	32	≧3,5	~400
4	63	≧3,0	~325

Tabellen 3 und 5 Richtwerte für den Mehlkorngehalt Luftgehalt im Frischbeton

Der ausreichende Mehlkorngehalt ist besonders zu beachten bei Wasserundurchlässigkeit, hohem Widerstand gegen chemische Angriffe und Sichtbeton sowie Pumpbeton.

Überwachung der Betonherstellung.

Siebversuche sind bei der ersten Lieferung und bei jedem Wechsel des Herstellwerkes erforderlich. Außerdem sind sie durchzuführen in angemessenen Abständen bei

Beton B I, wenn der Beton nach Tabelle 4, Seite
mit einem Kornaufbau des Zuschlages im günstigen Bereich zusammengesetzt worden ist.

<table>
<tr><td></td><td>Beton - gruppe</td><td colspan="3">Häufigkeit</td></tr>
<tr><td>Zement - gehalt</td><td>B I
B II</td><td>je Betonfestig - keitsklasse</td><td colspan="2">beim ersten Einbringen, dann in angemessenen Zeitabständen</td></tr>
<tr><td>Wasser - zement - wert</td><td>B II</td><td>je Betonfestig - keitsklasse</td><td colspan="2">beim ersten Einbringen, dann etwa einmal je Betoniertag</td></tr>
<tr><td rowspan="2">Konsi - stenz</td><td>B I
B II</td><td rowspan="2">je Betonsorte</td><td colspan="2">beim ersten Einbringen, beim Herstellen der Probekörper</td></tr>
<tr><td>B II</td><td colspan="2">zusätzlich in angemessenen Zeitabständen</td></tr>
<tr><td rowspan="2">Druck - festig - keit</td><td>B I</td><td>tragende Wände und Stützen aus
B 5 B 10
B 15 B 25</td><td>3 Würfel</td><td rowspan="2">je 500 m^3 Beton oder je Geschoß oder je 7 aufein - anderfolgende Betoniertage</td></tr>
<tr><td>B II</td><td>B 35 B 45
B 55</td><td>6 Würfel</td></tr>
<tr><td colspan="5">Die Hälfte der geforderten Würfelprüfungen bei einem B II kann durch die doppelte Zahl von W / Z - Wert - Bestimmungen ersetzt werden.</td></tr>
</table>

Tafel 13 Umfang der Güteprüfung

Beton B I, wenn der Beton aufgrund einer Eignungsprüfung zusammengesetzt worden ist.

Beton B II, stets

Beton mit besonderen Eigenschaften, stets.

Die Betonproben sind aus verschiedenen Mischerfüllungen - bei Transportbeton möglichst aus verschiedenen Lieferungen - etwa gleichmäßig über die Betonierzeit verteilt zu entnehmen.

Beton - eigenschaft	Bau - stelle zugel. für	Sieb - linien - bereich	Mindest - zement - gehalt kg / m^3	Wasser - zement - wert	Zusätzliche Anforderungen
Wasser - undurch - lässigkeit	B I	A / B 16 A / B 32	400 350	- -	Wassereindringtiefe ≦ 5,0 cm
	B II	-	-	d ≦ 40 cm W / Z ≦ 0,60	
		-	-	d ≧ 40 cm W / Z ≦ 0,70	
Hoher Frost - widerstand	B I	A / B 16 A / B 32	400 350	- -	Zuschläge frostbeständig
	B II	-	-	W / Z ≦ 0,60 bei LP-Gehalt nach Tab. 5 W / Z ≦ 0,70	
Hoher Frost - und Tausalz - Widerstand	B II	-	-	W / Z ≦ 0,60	Zuschläge frostbeständig LP-Gehalt nach Tabelle 5
gegen chem. grad: schwach	B I	A / B 16 A / B 32	400 350	- -	Wassereindringtiefe ≦ 5,0 cm
	B II	-	-	W / Z ≦ 0,60	

Hoher Widerstand Angriffe - Angriffs-	stark	B II	-	-	W / Z $\leq$ 0,50	Wassereindringtiefe $\leq$ 3,0 cm
	sehr stark	B II	-	-	W / Z $\leq$ 0,50	Wassereindringtiefe $\leq$ 3,0 cm und Schutz des Betons, z.B. nach Vorläufigem Merkblatt
Hoher Abnutz - widerstand		B II	nahe A oder B / U	-	-	Beton Bn 350 Zuschlag bis 4 mm Quarz o.ä., über 4 mm mit hohem Ver - schleißwiderstand
Zum Berücksichtigen der Streuungen der Baustellenmischungen ist bei der Bau - ausführung der W / Z - Wert um etwa 0,05 niedriger als angegeben einzustellen.						

Tafel 14 Beton mit besonderen Eigenschaften

Der Umfang der Güteprüfung für Ortbeton geht aus der Tafel 13 hervor. Sind besondere Eigenschaften nachzuweisen, so ist der Umfang der Prüfung im Einzelfall festzulegen.

Ausnahmen bei Verwendung von Transportbeton:
Festigkeitsprüfungen im Rahmen der Eigenüberwachung des Transportbetonwerkes für Beton B I und B II dürfen angerechnet werden, wenn der Beton für die Probekörper auf der betreffenden Baustelle entnommen wurde.

Werden weniger als 1oo m^3 Transportbeton B I je Betoniervorgang eingebracht, so können auf einer anderen Baustelle hergestellte Probekörper angerechnet werden, wenn der Beton desselben Werkes, derselben Zusammensetzung und in derselben Woche verwendet wurde. Die Beton-Nennfestigkeit dieser Betonsorte muß dann von dem Transportbetonwerk statistisch nachgewiesen werden.

2.2.5. Festigkeitseigenschaften des Betons
Aus der Vielzahl der möglichen Beanspruchungen des Betons im Bauwerk hat man für die Überprüfung die Belastung bis zum Bruch ausgewählt. Form und Größe des Prüfkörpers bedingen verschieden große Einflüsse auf die inneren Spannungen des Prüfkörpers und damit Unterschiede in den Ergebnissen der Prüfung bei gleicher Betongüte. In Deutschland ist es üblich, Würfel von 2o cm Kantenlänge als Prüfkörper zu verwenden, die im Normalfalle 28 Tage nach dem Herstellen in einer Presse abgedrückt werden. Bei anders gestalteten Prüfkörpern sind die gemessenen Druckfestigkeiten mit Hilfe von Umrechnungsfaktoren auf die Werte eines 2o cm - Würfels umzurechnen. Da das Alter des Betons auch einen Einfluß auf die Betonfestigkeit hat, wird bei einem Abweichen des Alters von 28 Tagen das Alter der Probe als Index angegeben.

In der DIN-Vorschrift werden verschiedene Begriffe im Zusammenhang mit der Würfelfestigkeit 'ß' gebraucht:

1. Serienfestigkeit β_{wS} Mittlere Festigkeit aus mehreren Proben.
   z.B. 41,2 N/mm^2

2. Mindestfestigkeit	$ß_{wM}$	Festigkeit, die von der Serienfestigkeit nicht unterschrittten werden darf z.B. 4o N/mm^2
3. Nennfestigkeit	$ß_{wN}$	Mindestwert eines Prüfkörpers, der der Serienfestigkeit zugrunde liegt. z.B. 35 N/mm^2 Dieser Wert bezeichnet gleichzeitig die Betonfestigkeitsklasse.
4. Rechenwert	$ß_R$	Festigkeitswert, der für die statische Berechnung angesetzt wird. z.B. 23 N/mm^2

Beton-Druckfestigkeit in Abhängigkeit von der Form des Prüfkörpers in o/o der Druck-Festigkeit eines 2o cm - Würfels.

Würfel	15 cm - Würfel	1o5 %
	2o cm - Würfel	1oo %
	3o cm - Würfel	9o %

Prismen mit der Grundfläche a · a cm^2

h = o,5 · a	15o %
1,o · a	1oo %
2,o · a	95 %
4,o · a	85 %

Zylinder mit 15 cm ∅ und 3o cm Höhe nach Paragraph 7.4.3.5.3

B 15	8o %
B 25 und höher	85 %

Die tatsächlichen Druckfestigkeitsverhältnisse müssen an mindestens 6 Probekörpern jeder Art nachgewiesen werden.

Zement	1	3	7	28	18o	36o Tagen
langsam erhärtend		3o-4o	5o-65	1oo	12o-15o	135-17o
normal erhärtend		4o-5o	6o-7o	1oo	12o-14o	13o-15o
schnell erhärtend	25-35	6o-7o	75-8o	1oo	1o5-11o	1o5-115

Tafel 15 Beton-Druckfestigkeiten in Abhängigkeit vom Alter des Prüfkörpers in % der 28-Tage-Festigkeit

Sollen die Ergebnisse einer Prüfung nach 7 Tagen für eine verbindliche Voraussage der 28-Tage-Festigkeit verwendet werden, sind strengere Maßstäbe, als sie der Tafel 15 entsprechen, anzulegen.

	1	2
	Festigkeitsklasse	28-Tage-Würfelfestigkeit
1	Z 25	1,4 $ß_{w7}$
2	Z 35 L	1,3 $ß_{w7}$
3	Z 35 F und 45 L	1,2 $ß_{w7}$
4	Z 45 F und 55	1,1 $ß_{w7}$
Andere Verhältnisse dürfen zugrunde gelegt werden, wenn sie bei der Eignungsprüfung ermittelt wurden.		

Tabelle 7 Beiwerte für die Umrechnung von 7-Tage- auf die 28-Tage-Würfeldruckfestigkeit

	1	2	3	4
	Zement - festigkeits - klasse	Für die seitliche Schalung der Balken und für die Schalung der Wände und Stützen Tage	Für die Schalung der Decken - platten Tage	Für die Rüstung (Stützung) der Balken Rahmen und weit - gespannten Platten Tage
1	25	4	10	28
2	35 L	3	8	20
3	35 F und 45 L	2	5	10
4	45 F und 55	1	3	6

Tabelle 8 Ausschalfristen (Anhaltswerte)

3. Grundlagen für die Festigkeitsberechnung

3.1. Formänderungen nach Paragraph 16. (DIN 1o45)

Die Formänderungen müssen bei der statischen Berechnung bei folgenden drei Aufgabenstellungen berücksichtig werden:

1. Zwangsschnittgrößen nach Paragraph 15.1.3.
   Einflüsse von Kriechen, Schwinden, Temperaturänderungen, Stützensenkungen u.s.w., wenn die Schnittgrößen hierdurch wesentlich in ungünstiger Richtung beeinflußt werden.
2. Knicksicherheit nach Paragraph 17.4.
3. Durchbiegungen nach Paragraph 17.7.

3.1.1. Elastische Formänderungen nach Paragraph 16.2. und 3. (DIN 1o45)

Der Beton folgt mit seinen Stauchungen (negative Dehnungen) bei einem Druck-Versuch nicht dem Hooke'schen Gesetz $\sigma = \varepsilon \cdot E$. Die mittleren Spannungs-Dehnungs-Linien der verschiedenen Beton-Güten erreichen bei einer Stauchung von etwas mehr als 2 o/oo einen Größtwert der Druckspannung von etwa o,85 · β_W. Dabei muß die Belastung als Kurz-Zeit-Versuch an einem prismatischen Prüfkörper durchgeführt werden. Im Gebrauchszustand wird der Beton bis zu einer Druckspannung von etwa o.85 · β_W / 3 belastet. In diesem Bereich weicht die Spannungs-Dehnungslinie des Betons nur unwesentlich von einer Geraden ab, so daß für Verformungsberechnungen mit einem konstanten Elastizitätsmodul im Gebrauchsbereich gerechnet werden kann. Sind Verformungen in dem Bereich oberhalb der Gebrauchslast zu bestimmen, so können vereinfachte Spannungs-Dehnungslinien nach Abschnitt 4.1.3. verwendet werden.

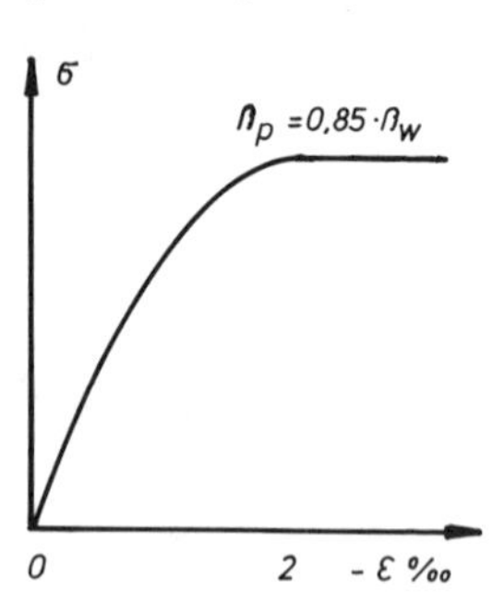

Abbildung 11
Mittlerer Verlauf der Spannungs-Dehnungslinie eines Betons bei einer Kurzzeit-Belastung

Der Elastizitätsmodul des Betons ist abhängig von der

1. Betonfestigkeit, die wieder abhängig ist von
    1. Zement-Festigkeit
    2. Kornzusammensetzung
    3. Mischverhältnis
    4. Wasser-Zement-Verhältnis
    5. Verdichtung des Frischbetons
    6. Alter bzw. Reifegrad des Betons
2. Art der Zuschläge
3. Art der Lagerung
4. Feuchtigkeit des Betons
5. Auftretenden Druckspannung

Eine Überschlagsformel für die Größe des Elastizitätsmoduls im Bereich der Gebrauchsspannungen lautet

$$E_b = \frac{51.4oo \cdot (ß_{wN} + 5)}{ß_{wN} + 25}$$

	1	2	3	4
1	Festigkeitsklasse	B 1o	B 15	B 25
2	Elastizitäts-modul E_b in N/mm^2	22.ooo	26.ooo	3o.ooo

		5	6	7
1	Festigkeitsklasse	B 35	B 45	B 55
2	Elastizitäts modul E_b in N/mm^2	34.ooo	37.ooo	39.ooo

Tabelle 11 Rechenwerte des Elastizitätsmoduls des Betons

Sofern der Einfluß der Querdehnung von wesentlicher Bedeutung ist - z.B. bei kreuzweis gespannten Platten -, ist er mit μ = o.2o zu berücksichtigen, sonst kann er auch mit μ = O angesetzt werden (Paragraph 15.1.2.).

Beispiel: Gesucht ist die Verformung einer Stahlbeton-Stütze mit einem Querschnitt 3o x 3o cm^2 und 4oo cm Länge. Die Stütze befindet sich in einem trockenen Innenraum. Bei dem Herstellen der Stütze wurde ein Beton B 25 unter Verwendung eines langsam erhärtenden Zementes verarbeitet. Die Konsistenz des Frischbetons entsprach während des Betonierens dem Bereich K 2. 28 Tage nach dem Betonieren wurde die Stütze mit einer dauern wirkenden Kraft von 54o KN belastet. Das entspricht einer Druckspannung von $\sigma = 6\ N/mm^2$. In dem Raum, in dem sich die Stütze befindet, können Temperaturschwankungen von O bis 2o°C auftreten. Der Einfluß der Bewehrung wird bei der Berechnung der Verformungen vernachlässigt.

$$\varepsilon_{el} = \frac{\sigma}{E_b} = \frac{6\ (N/mm^2)}{30.000\ (N/mm^2)} = 20 \cdot 10^{-5}$$

Der Wert für den Elastizitätsmodul ist der Tabelle 11 entnommen worden
Ein Berücksichtigen der Bewehrung hätte wegen der Kräfteumlagerungen vom Beton auf den Stahl infolge des Kriechens und Schwindens bei gleich großen Verformungen von Beton und Stahl wesentlich kleinere Längenänderungen der Stütze zur Folge.

3.1.2. Kriechen des Beton nach DIN 4227 Teil 1 Paragraph 8.3 (DIN 1o45)

Der Beton erfährt bei lange einwirkenden Belastungen außer der elastischen Verformung eine bleibende Verformung, der Beton 'kriecht'. Der Stahl zeigt auch Kriech-Erscheinungen, jedoch sind diese Längenänderungen so klein, daß sie im Gegensatz zum Beton vernachlässigt werden können. Das

Kriechen des Betons ist abhängig von:

1. der Feuchtigkeit der umgebenden Luft
2. dem Zementgehalt des Betons
3. dem Wassergehalt des Betons
4. dem Erhärtungsgrad bzw. dem Reifegrad des Betons im Zeitpunkt des Aufbringens der Last
5. der Größe der Belastung (Druck-Spannung)
6. der Dauer der Belastung
7. den äußeren Abmessungen des belasteten Querschnittes hinsichtlich des Verlaufes des Kriechens.

Solange die einzelnen Zementteilchen in dem Gel, das die Körner des Zuschlages umhüllt, noch nicht ganz auskristallisiert sind, kann unter einer ständig wirkenden Belastung eine gegenseitige Verschiebung erfolgen, die umso größer wird, je trockener das Gel wird. Mit der vollständigen Auskristallisation des Zementes nach etwa 5 Jahren hat auch das Kriechen ein Ende gefunden.

Da das Kriechen unter anderem von der Belastung abhängig ist, bezieht man die Größe der Kriech-Stauchung auf die elastische Verformung.

$$\boxed{\varepsilon_k = \frac{\sigma}{E_b} \cdot \varphi_t = \varepsilon_{el} \cdot \varphi_t} \qquad (3)$$

Hierin bedeuten $\varphi_t = \varphi_{fo} \cdot (k_{ft} - k_{fto}) + o.4 \cdot k_{vt}$

Die Formel (4) der DIN 4227 wird in einer verkürzten Form angesetzt, da es im Stahlbetonbau nur auf das Endkriechmaß ankommt.

k_f = Beiwert nach Bild 1 der DIN 4227 für den zeitlichen Verlauf des Kriechens (Tafel 16 - Seite 59)

t = Wirksames Betonalter zum untersuchten Zeitpunkt, hier etwa 3o Jahre

to = Wirksames Betonalter beim Aufbringen der Spannungen, hier mit 1o Tagen angesetzt

k_v = Beiwert nach Bild 2 der DIN 4227 für den zeitlichen Verlauf der verzögert elastischen Verformung, hier gleich 1 gesetzt.

Bei dem Bestimmen der Beiwerte k_f ist noch die 'Wirksame Körperdicke' zu berücksichtigen:

$$d_{ef} = k_{ef} \cdot \frac{2 \cdot A_b}{u} \qquad (6)$$

Hierin bedeuten

k_{ef} = Beiwert zum Berücksichtigen des Einflusses der Feuchte auf die wirksame Dicke (Tafel 16 - Seite 59)

A_b = Betonfläche

u = Abwicklung der dem Austrocknen ausgesetzten Betonoberfläche. Die Innenflächen von Kastenträgern brauchen im allgemeinen nur mit der Hälfte berücksichtigt werden.

Wirksames Betonalter t_i nach n Tagen

$$t_i \sum_{n=1}^{n=n} \frac{T_n + 10^\circ C}{30^\circ C}$$

Hierin bedeuten

T_n = Mittlere Tagestemperatur des Betons in $^\circ C$

	Lage des Bauteiles	mittlere relative Luftfeuchte in o/o	Wirksame Körperdicke d_{ef}						k_{ef}
			5	1o	2o	4o	8o	16o	
1	im Wasser		1.47	1.4o	1.35	1.26	1.18	1.1o	3o
2	in sehr feuchter Luft, z.B. unmittelbar über dem Wasser	9o	2.13	2.o3	1.91	1.79	1.66	1.53	5.o
3	allgemein im Freien	7o	3.o6	2.9o	2.72	2.54	2.34	2.14	1.5
4	in trockener Luft z.B. in trockenen Innenräumen	5o	3.99	3.78	3.53	3.29	3.o2	2.75	1.o

Die angegebenen Werte gelten für einen Beton der Konsistenz K 2, sie sind
bei einem K 1 um 25 % zu ermäßigen und
bei einem K 3 um 25 % zu erhöhen

Tafel 16 Endkriechzahl φ_t und Beiwert k_{ef}
für t = 1o ooo Tage t_o = 1o Tage

Beispiel: Die Stütze, wie sie auf Seite 56 beschrieben wurde, hat eine wirksame Dicke von

$$d_{ef} = 1.o \cdot \frac{2 \cdot 3o \cdot 3o}{3o+3o+3o+3o} = 15 \text{ cm}$$

Mit dem Wert $\varphi_t = (3.78 + 3.53)/2 = 3.66$ wird

$$\varepsilon_k = 2o \cdot 1o^{-5} \cdot 3.66 = 73.2 \cdot 1o^{-5}$$

3.1.3. Schwinden des Betons nach Paragraph 16.4. (DIN 1o45)

Ebenso wie das Kriechen teilweise durch die Zusammensetzung des Frischbetons beeinflußt werden kann, ist auch die Größe des Schwindmaßes unter anderem von der Herstellung des Betons abhängig. Das Schwind-Maß und das Gegenteil davon, das Quell-Maß, werden beeinflußt durch

1. den Zementgehalt des Betons
2. die Mahlfreinheit des Zementes
3. den Wasser-Zement-Faktor
4. das Verhältnis von Oberfläche zu dem Volumen

Sofern eine dieser Größen anwächst oder mehrere, wird das End-Schwind-Maß größer. Aus der Tafel 17 auf der Seite 61 ist das End-Schwind-Maß 'ε_{so}' für die verschiedenen Konsistenzbereiche des Betons bei der Herstellung zu entnehmen. Dabei ist darauf zu achten, daß der Einfluß der Umgebung wie bei dem Kriechen des Betons berücksichtigt werden muß.

Das Schwinden des Betons wird durch die Abgabe von Wasser aus dem Gel-Häutchen der Zement-Schlämme bewirkt. So schwindet der Beton im Wasser garnicht und in trockener Luft erheblich. Bei einem Wechsel der Feuchtigkeit in der Umgebung kann das Wasser selbstverständlich auch wieder von dem Gel aufgenommen werden, wobei sich das Gel auch wieder ausdehnt. Da aber in der Zwischenzeit der Kristallisationsprozess des Zementes weiter forgeschritten ist, kann das Volumen, das vor dem Beginn des Schwindens vorhanden war, nicht wieder erreicht werden.

	Lage des Bauteiles	mittlere relative Luftfeuchte in o/o	Wirksame Körperdicke d_{ef} Faktor 10^{-5} für $\varepsilon_{s,\infty}$					
			5	1o	2o	4o	8o	16o
1	im Wasser		+12.o	+1o.5	+9.o	+8.o	+7.5	+7.o
2	in sehr feuchter Luft	9o	-15.6o	-13.65	-11.7o	-1o.4o	-9.75	-9.1o
3	allgemein im Freien	7o	-38.4o	-33.6o	-28.8o	-25.6o	-24.o	-22.4o
4	in trockener Luft	5o	-55.2o	-48.3o	-41.4o	-36.8o	-34.5o	-32.2o

Die angegebenen Werte gelten für einen Beton der Konsistenz K 2, sie sind
bei einem K 1 um 25 o/o zu ermäßigen und
bei einem K 3 um 25 o/o zu vergrößern

Tafel 17 Endschwindmaße $\varepsilon_{s,\infty}$

Interessant ist für den Konstrukteur letztlich nur das Endschwindmaß.

Beispiel: Für die auf Seite 56 beschriebene Stütze ergibt sich das Endschwindmaß zu

$$\varepsilon_{s,\infty} = (48.3o + 41.4o) / 2 = 1o^{-5}$$

$$= 44.85 \cdot 1o^{-5}$$

3.1.4. Wärmedehnungen des Betons nach Paragraph 16.5. (DIN 1o45)

Dehnungen einer Stahlbeton-Konstruktion infolge von Temperaturänderungen müssen nachgewiesen werden,wenn die Verformungen die Schnittkräfte in ungünstigem Sinne verändern. Allgemein kann mit einer Temperaturschwankung des gesammten Tragwerkes um $\pm$ 15°C gerechnet werden.

Die Längenänderungen des Betons bei Temperaturänderungen sind auch wieder von verschiedenen Einflüssen abhängig.

1. Zementart
2. Zementmenge
3. Zuschläge
4. Mischungsverhältnis
5. Feuchtigkeit des Betons
6. Querschnittabmessungen

Die Wärmeausdehnungszahl 'α_T' je °C beträgt für

Portland-Zement,	luftgelagert	$\alpha_T = 2,27 \cdot 1o^{-5}$
	wassergelagert	$\alpha_T = 1,48 \cdot 1o^{-5}$
Hochofenzement,	luftgelagert	$\alpha_T = 2,23 \cdot 1o^{-5}$
	wassergelagert	$\alpha_T = 1,82 \cdot 1o^{-5}$
Quarz		$\alpha_T = 1,17 \cdot 1o^{-5}$
Kalkstein		$\alpha_T = o,43 \cdot 1o^{-5}$
Stahl		$\alpha_T = 1,17 \cdot 1o^{-5}$

Die DIN 1o45 gibt als Mittelwert für die Berechnung an

$$\boxed{\alpha_T = 1 \cdot 1o^{-5}}$$

Beispiel: Die Stütze, wie sie auf Seite 56 beschrieben worden ist. Die Temperatur-Differenz beträgt 3o°C.

$$\varepsilon_T = \alpha_T \cdot \Delta T$$

$$= 1 \cdot 1o^{-5} \cdot 3o = 3o \cdot 1o^{-5}$$

3.1.5. Gesamt-Verformungen - Zusammenstellung

Die größte, mögliche Verformung der Stütze des Beispieles auf den Seiten 56, 6o, 62, 63 ist dann:

$$\varepsilon_{el} = 2o.oo \cdot 1o^{-5}$$

$$\varepsilon_k = 73.2o \cdot 1o^{-5}$$

$$\varepsilon_s = 44.85 \cdot 1o^{-5}$$

$$\varepsilon_T = 3o.oo \cdot 1o^{-5}$$

$$\Sigma\varepsilon = 168.o5 \cdot 1o^{-5}$$

Umgerechnet auf die gegebene Stützenlänge von 4.ooo mm ergibt das eine Längenänderung von

$$\Delta l = 4.ooo \cdot 168.o5 \cdot 1o^{-5} = 6.7 \text{ mm}$$

3.2. Festigkeiten und Dehnungen des Betons

3.2.1. Zugfestigkeit des Betons nach Paragraph 17.6.3.

Die Zugfestigkeit des Zementleimes kann nach dem Erhärten des Betons Werte beachtlicher Größe annehmen, doch werden diese Kräfte, die der Beton aufnehmen könnte, weigehend durch das Schwinden und die damit verbundenen Zugkräfte in Anspruch genommen, so daß ein Beton-Körper praktisch keine äußeren Zugkräfte oder Zugspannungen aufnehmen kann. Aus Gründen der Sicherheit darf deshalb die Zugfestigkeit des Betons beim Bemessen von Stahlbeton-Bauteilen nicht in Rechnung gestellt werden. Die Festigkeitsberechnungen müssen mit einer gerissenen Zugzone - Stadium II - durchgeführt werden. Alle Zugkräfte bzw. die Resultierenden der Zugspannungen müssen durch eine Stahl-Bewehrung aufgenommen werden. Treten über den gesamten Querschnitt keine Zugspannungen auf, spricht man von dem Stadium I.

Sollen Stahlbetonbauteile, z.B. Wände als Begrenzungen von Flüssigkeitsbehältern, möglichst wasserdicht oder anders ausgedrückt möglichst rissefrei sein, so ist zunächst die Standsicherheit nach Stadium II nachzuweisen. Zusätzlich ist dann noch der Nachweis einer Vergleichs-Spannung erforderlich. Die zulässige Vergleichs-Spannung als Zugspannung errechnet sich zu

$$\sigma_V = \alpha \cdot \sqrt[3]{\beta_{wN}^{\;2}} \quad (N/mm^2)$$

Erhebliche Zwangs- und Eigenspannungen sind dabei zu berücksichtigen.

Bei besonders hohen Anforderungen an die Dichtigkeit ist die zulässige Vergleichs-Zugspannung auf 75 o/o zu ermäßigen.

	B	15	25	35	45	55	α
1	zul σ_V	2.8	3.9	4.9	5.8	6.6	o.46
2		2.1	3.o	3.7	4.4	5.o	o.35

Tafel 18 Zulässige Vergleichs-Zugspannungen in N/mm^2, Werte sind abgerundet

Die nachzuweisende Vergleichs-Zugspannung errechnet sich zu

$$\sigma_V = \eta \cdot (\sigma_N + \sigma_M) \qquad (22)$$

In dieser Formel bedeuten

σ_N = Spannungsanteil auf den Normal-Kräften nach Stadium I (Zugspannungen ' + ', Druckspannungen ' - ')

σ_M = Spannungsanteil aus den Biegemomenten. Es ist stets nur der positive Spannungswert anzusetzen. Die Berechnung erfolgt nach Stadium I.

η = Beiwert, der von der 'ideellen Dicke'
$d_i = d \cdot (1 + \sigma_N/\sigma_M)$ abhängig ist.

	1	2
	Ideelle Dicke des Bauteiles d_i in cm	Beiwert η
1	≤ 1o	1,o
2	2o	1,3
3	4o	1,6
4	6o	1,8

Tabelle 17 Beiwerte η zur Berechnung der Vergleichsspannung σ_V

Erhebliche Zwangs- und Eigenspannungen sind zu berücksichtigen.

Beispiel: Die Wand eines Wasserbehälters aus einem B 25 ist für ein Biegemoment m = 23.4oo kNm/m und eine mittig wirkende Zugkraft von n = 63.8oo kN/m zu bemessen. Als Dicke der Wand werden 3o cm angenommen.

$$\sigma_N = \frac{63.800 \text{ kN / m} \cdot 1\,000 \text{ N / kN}}{(30 \text{ cm} \cdot 100 \text{ cm}) \cdot 100 \text{ mm}^2 / \text{cm}^2} = +0.21 \text{ N/mm}^2$$

$$\sigma_M = \frac{23.400 \text{ kNm / m} \cdot 1\,000 \text{ N / kN} \cdot 1\,000 \text{ mm/m}}{(30^2 \text{ cm}^2 \cdot 100 \text{ cm/m/6}) \cdot 1\,000 \text{ mm}^3 / \text{cm}^3} = +1.56 \text{ N/mm}^2$$

$$d_i = 30 \cdot (1 + 0.21 / 1.56) = 34.1 \text{ cm}$$

$$\eta = 1.51$$

$$\sigma_V = 1.51 \cdot (0.21 + 1.56) = 2.68 \text{ N/mm}^2$$

$$\text{zul } \sigma_V = 3.9 \text{ N/mm}^2$$

3.2.2. Druckfestigkeit des Betons nach Paragraph 17.2.1.

Auf den Seiten 51 und 54 wurde gezeigt, daß der Beton eines prismatischen Prüfkörpers bei etwa 85 o/o der Würfel-Festigkeit seine Grenze der Tragfähigkeit erreicht hat. Wurde diese Druck-Festigkeit bei einem 'Kurzzeit-Versuch' festgestellt, zeigten 'Langzeit-Versuche' eine weitere Abnahme der Druckfestigkeit des Betons. Für die Festigkeitsberechnung muß aus diesem Grunde von wesentlich geringeren Festigkeiten als der Würfel-Festigkeit ausgegangen werden.

In der DIN 1o45 wurde deshalb der 'Rechenwert der Beton-Festigkeit '$ß_R$' eingeführt. Der Rechenwert $ß_R$ liegt bei dem B 15 und dem B 25 bei etwa 82 o/o der Prismen-Festigkeit oder 7o o/o der Würfel-Nenn-Festigkeit. Bei höherwertigen Betonen wird die Minderung der Festigkeit bei dem Langzeit-Versuch größer angesetzt. Der Rechenwert $ß_R$ beträgt dann bei dem B 55 etwa 64 o/o der Prismen-Festigkeit oder 54 o/o der Würfel-Nenn-Festigkeit.

	1	2	3	4	5	6	7	8
1	Nennfestigkeit des Betons $ß_{wN}$ (s. Tabelle 1)	5	1o	15	25	35	45	55
2	Rechenwert $ß_R$	3.5	7.o	1o.5	17.5	23.o	27.o	3o.o

Tabelle 12 Rechenwerte $ß_R$ der Betonfestigkeit in N/mm^2 vergl. Tabelle 1 auf Seite 42

3.2.3. Dehnungen und Stauchungen im Erschöpfungszustand nach Paragraph 17.2.1.

Unter Auswertung der Spannungs-Dehnungs-Linien für die verschiedenen Beton-Güten und der Minderung der Festigkeiten bei langdauernden Belastungen gibt die Vorschrift für alle Beton-Güten eine einzige Spannungs-Dehnungs-Linie an, die eine auf der sicheren Seite liegende Vereinfachung darstellt.

Als Stauchung des Betons im Erschöpfungszustand wird ein Wert von $\varepsilon_b = - 3{,}5o$ o/oo vorausgesetzt.

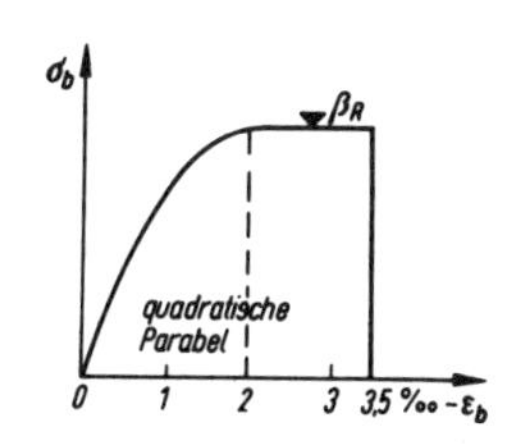

Bild 11 Rechenwerte für die Spannungsdehnungslinie des Betons

Für den Bereich $0 \geqq \varepsilon_b \geqq - 2$ o/oo gilt eine quadratische Parabel mit der Gleichung

$$\sigma_b = \frac{-(\varepsilon^2 + 4 \cdot \varepsilon)}{4} \cdot \beta_R$$

und für den Bereich

$- 2{,}o$ o/oo $\geqq \varepsilon_b \geqq - 3{,}5$ o/oo

gilt eine Gerade $\sigma_b = \beta_R$

ist in dieser Formel als Stauchung mit negativem Vorzeichen einzusetzen. (in o/oo).

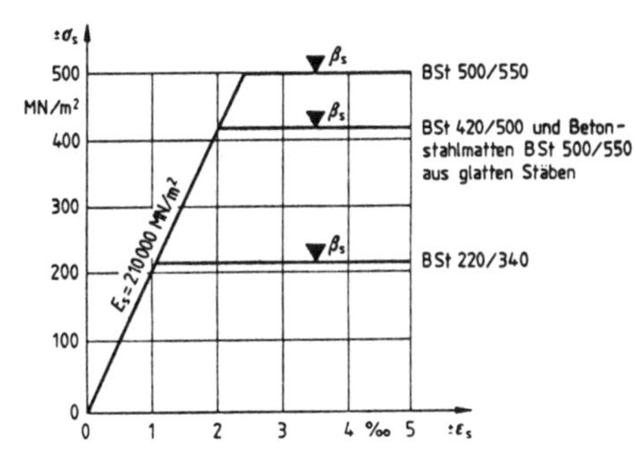

Bild 12 Rechenwerte für die Spannungsdehnungslinien der Betonstähle

Für den Betonstahl ist eine idealisierte Spannungs-Dehnungslinie als Gerade nach dem Hooke'schen Gesetz angenommen, die bei Erreichen der Streckgrenze β_s bzw. der Spannung, bei der die bleibende Dehnung o,2 o/o der ursprünglichen Meßlänge beträgt $\beta_{o,2}$ waagerecht abknickt.

Die Gleichung der Geraden bis zu dem jeweiligen Knickpunkt lautet

$$\sigma_s \; (N/mm^2) = 21o.o \cdot \varepsilon \; (o/oo)$$

Die Knickpunkte liegen bei dem BSt 22o/34o bei $\varepsilon_s = 1{,}o5$ o/oo, bei dem BSt 42o/5oo bei $\varepsilon_s = 2{,}oo$ o/oo und bei dem BSt 5oo/55o bei $\varepsilon_s = 2{,}38$ o/oo. Die größte Dehnung des Stahles wird mit zul. $\varepsilon_s = + 5{,}oo$ o/oo und die größte Stauchung bei mittigem

Druck mit zul ε_s = - 2,oo o/oo angegeben. Die Mindest-Bruchdehnung der Betonstähle beträgt am 'langen Normalstab' ($l = 1o\, d_s$) δ_{1o} = 18 o/o bei dem BSt 22o/34o, bei dem BSt 42o/5oo δ_{1o} = 1o o/o, bei dem BSt 5oo/55o δ_{1o} = 8 o/o, Werte, die im allgemeinen weit überschritten werden.

3.3. Sicherheiten im Stahlbetonbau nach Paragraph 17.2.2. und Paragraph 17.9. (DIN 1o45)

Die Festigkeitsberechnung im Stahlbetonbau geht von den Schnittkräften aus, die einen Bruchzustand in dem Tragwerk hervorrufen würden. Diese Bruchschnittkräfte dividiert man durch einen Sicherheitsbeiwert, der nach den Regeln der Wahrscheinlichkeitsrechnung nach Gauß ermittelt wurde, und erhält so die zulässigen Schnittkräfte, die das Tragwerk aufnehmen kann.

Zu unterscheiden sind die folgenden 'Unsicherheiten' bei der Berechnung und Ausführung von Bauwerken, die durch entsprechende Sicherheitsbeiwerte berücksichtgt werden müssen:

Sicherheitsbeiwert	Ursache der Unsicherheit
	in der Größe der Schnittkräfte
γ_q	Lastannahmen
γ_s	Berechnungsgrundlagen
	- z.B. Statisches System -
	im Verhalten der Baustoffe
γ_g	Werkstoff
γ_f	Fehlstellen
γ_B	Bruchererscheinen

$$\gamma_{gesamt} = \gamma_q \cdot \gamma_s \cdot \gamma_g \cdot \gamma_f \cdot \gamma_B$$

Die einzelnen Sicherheitsbeiwerte können generell mit 1,15 angesetzt werden. Lediglich der Sicherheitsbeiwert γ_B wird davon abhängig gemacht, ob der Bruch 'mit Vorankündigung', das heißt, ob der Bruch sich durch größere Risse oder Durchbiegungen vorher angekündigt, oder 'ohne Vorankündigung', also plötzlich eintritt. Im ersten Falle ist γ_B = 1,oo und im zweiten Falle γ_B = 1,2o zu wählen. Eine 'Vorankündigung' kann immer angenommen werden, wenn die Bewehrung eines Stahlbeton-Bauteiles übermäßig beansprucht wird, und das zu einer großen Dehnung des Stahles führt, die mit breiten Rissen im Beton verbunden ist. Ein plötzliches Versagen des Tragwerkes liegt z.B. bei dem Ausknicken einer Stütze vor.

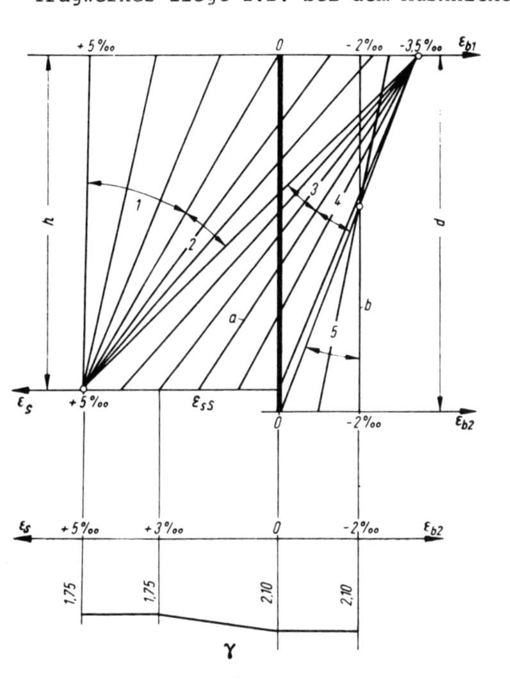

Bild 13 Dehnungsdiagramme und Sicherheitsbeiwerte

Je weniger die Bewehrung eines Bauteiles im Falle eines Versagens der Konstruktion gedehnt wird, desto größer ist die Gefahr eines Bruches 'ohne Vorankündigung'.

Entsprechend diesen Sicherheitsbeiwerten sind die Gesamt-Sicherheitsbeiwerte für die einzelnen Bereiche der verschieden großen Dehnungen des Stahles unterteilt.

Bereich 1: Mittige Zugkraft und Zugkraft mit geringer Ausmitte.

Bereich 2: Biegung oder Biegung mit Längskraft bis zur Ausnutzung der Betonfestigkeit ($/\varepsilon_{b1}/ \leqq$ 3,5 o/oo) und unter Ausnutzung der Stahlstreckgrenze ($\varepsilon_s > \varepsilon_{ss}$).

Bereich 3: Biegung oder Biegung mit Längskraft bei Ausnutzung der Betonfestigkeit und der Stahlstreckgrenze.

Bereich 4: Biegung mit Längskraft ohne Ausnutzung der Stahlstreckgrenze ($\varepsilon_s < \varepsilon_{ss}$) bei Ausnutzung der Betonfestigkeit.

Bereich 4: Druckkraft mit geringer Ausmitte und mittige Druckkraft. Innerhalb dieses Bereiches ist $\varepsilon_1 = - 3{,}5$ o/oo - o,75 $\cdot\ \varepsilon_2$ in Rechnung zu stellen, für mittigen Druck (Linie b) ist somit $\varepsilon_1 = \varepsilon_2 = - 2{,}0$ o/oo.

Der Sicherheitsbeiwert für unbewehrte Betonbauteile ist bei Betonen B 5 und B 1o mit 3,o und bei Betonen der Festigkeitsklasse B 15 bis B 55 mit 2,5 anzusetzen. Rechnerisch darf dabei keine höhere Festigkeitsklasse des Betons als B 35 ausgenützt werden.

3.4. Bewehrung von Stahlbetonbauteilen

3.4.1. Rostschutz und Betonüberdeckungen nach Paragraph 13.2. (DIN 1o45)

Der Beton hat unter anderem auch die Aufgabe, die verlegte Stahlbewehrung vor dem Rosten zu schützen. Deshalb sind die in Tabelle 4 auf Seite 43 und in Tafel 11 auf Seite 45 angegebenen Mindest-Werte für den Zement-Gehalt des Betons einzuhalten. Die schützende Betonschicht muß aber auch eine gewisse Dicke aufweisen, damit sie die gestellte Aufgabe erfüllen kann. Entsprechend den Umweltbedingungen, der Konstruktion und der Beton-Güte variiert die erforderliche Beton-Überdeckung von 1,o bis 4,o cm.

	1	2	3	4	5	6
	Umweltbedingungen	Ortbeton und Fertigteile B 15 allgemein	Ortbeton und Fertigteile B 15 Flächentragwerke[27])	Ortbeton und Fertigteile ≧ B 25 allgemein	Ortbeton und Fertigteile ≧ B 25 Flächentragwerke[27])	werkmäßig hergestellte Fertigteile ≧ B 35
1	Bauteile in geschlossenen Räumen, z. B. in Wohnungen (einschließlich Küche, Bad und Waschküche), Büroräumen, Schulen, Krankenhäusern, Verkaufsstätten – soweit nicht im folgenden etwas anderes gesagt ist. Bauteile, die ständig unter Wasser verbleiben oder ständig trocken sind. Dächer mit einer wasserdichten Dachhaut für die Seite, auf der die Dachhaut liegt.	2,0	1,5	1,5	1,0	1,0
2	Bauteile im Freien und Bauteile, zu denen die Außenluft ständig Zugang hat, z. B. in offenen Hallen und auch in verschließbaren Garagen.	2,5	2,0	2,0	1,5	1,5
3	Bauteile in geschlossenen Räumen mit oft auftretender sehr hoher Luftfeuchte bei normaler Raumtemperatur, z. B. in gewerblichen Küchen, Bädern, Wäschereien, in Feuchträumen von Hallenbädern und in Viehställen. Bauteile, die wechselnder Durchfeuchtung ausgesetzt sind, z. B. durch häufige starke Tauwasserbildung oder in der Wasserwechselzone und Bauteile, die „schwachem" chemischen Angriff nach DIN 4030 ausgesetzt sind.	3,0	2,5	2,5	2,0	2,0
4	Bauteile, die besonders korrosionsfördernden Einflüssen ausgesetzt sind, z. B. durch ständige Einwirkung angreifender Gase oder Tausalze oder „starkem" chemischen Angriff nach DIN 4030 (siehe auch Abschnitt 13.3).	4,0	3,5	3,5	3,0	3,0

27) Flächentragwerke im Sinne dieser Tabelle sind Platten, Rippendecken, Stahlsteindecken, Scheiben, Schalen, Faltwerke und Wände.

Tabelle 1o Mindestmaße der Betondeckung in cm, bezogen auf die Umweltbedingungen

	1	2
	Stabdurchmesser mm	Betondeckung cm
1	bis 12	1,0
2	14 16 18	1,5
3	20 22	2,0
4	25 28	2,5
5	über 28	3,0

Tabelle 9 Mindestmaße der Betondeckung, bezogen auf die Durchmesser der Bewehrung

Wichtig ist auch die Überdeckung der Bewehrung von Fundamenten. Hier ist zusätzlich zu der üblichen Beton-Überdeckung eine mindestens 5 cm dicke Arbeitssohle oder Sauberkeitsschicht aus Beton nach Paragraph 13.1. einzubringen.

Die Mindes-Überdeckungen nach den Tabellen 9 und 1o sind bei Verwenden von Zuschlägen mit einem Größtkorn von mehr als 32 mm um o,5 cm zu vergrößern. Ein Bearbeiten der Beton-Oberfläche oder eine starke Abnutzung ist durch eine größere Überdeckung zu berücksichtigen. (Paragraph 13.2.2.)

Werden Bewehrungsstäbe mit größeren Durchmessern verarbeitet, so besteht die Gefahr, daß sich diese Stähle an der Oberfläche des Betons abzeichnen. Aus diesem Grunde sind die in der Tabelle 9 angegebenen Mindest-Werte der Überdeckung zu verwenden. Maßgebend für das Mindest-Maß der Beton-Überdeckung ist der jeweils zu schützende Bewehrungsstab. Bei Balken mit einer großen Längsbewehrung und dünnen Bügeln kann unter Umständen die weiter innen liegende, dickere Bewehrung für die Wahl der Überdeckung maßgebend sein.

Beispiel: Gegeben sei ein Balken aus Beton B 25 in einer Umgebung nach Zeile 1 der Tabelle 1o. Die Längsbewehrung bestehe aus einem Rundstahl mit einem Durchmesser d_s = 25 mm, die Bügel aus Rundstahl mit d_s = 8 mm.

Die Mindest-Überdeckung beträgt nach Tabelle 1o für den Bügel C_s = 1,5 cm, die Mindest-Überdeckung der Längsbewehrung nach Tabelle 9 C_1 = 2,5 cm. Geht man von der Bügel-Überdeckung $C_{bü}$ = 1,5 cm aus, so beträgt die Beton-Überdeckung der Längsbewehrung C = 1,5 + o,8 = 2,3 cm und ist damit zu klein. Hier wäre die Beton-Überdeckung der Längsbewehrung mit 2,5 cm maßgebend.

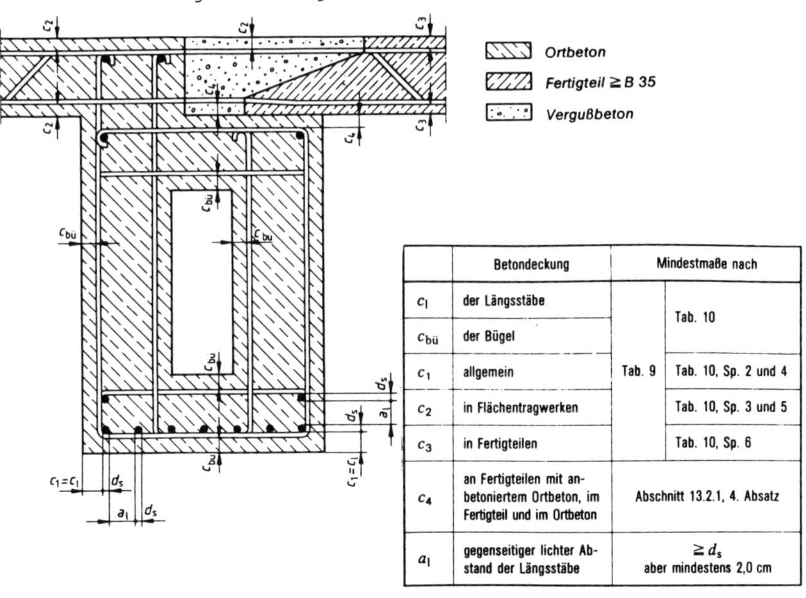

	Betondeckung	Mindestmaße nach	
c_l	der Längsstäbe		Tab. 10
$c_{bü}$	der Bügel		
c_1	allgemein	Tab. 9	Tab. 10, Sp. 2 und 4
c_2	in Flächentragwerken		Tab. 10, Sp. 3 und 5
c_3	in Fertigteilen		Tab. 10, Sp. 6
c_4	an Fertigteilen mit anbetoniertem Ortbeton, im Fertigteil und im Ortbeton	Abschnitt 13.2.1, 4. Absatz	
a_l	gegenseitiger lichter Abstand der Längsstäbe	$\geq d_s$ aber mindestens 2,0 cm	

Bild 5 Betondeckung und gegenseitiger Abstand der Bewehrung

3.4.2. Abstände der Bewehrungsstäbe nach Paragraph 18.2. und 2o.1.6.2.

Um einen guten Verbund zwischen dem Beton-Stahl und dem Beton zu gewährleisten, darf der lichte Abstand zwischen zwei parallel verlegten Rundstählen nicht kleiner als der Durchmesser der Stäbe, mindestens aber 2,o cm sein. (s_l) nach Bild 5).

$s \geqq 2 \cdot d_s$ $\quad$ s = Achsabstand der Stäbe in cm

$s \geqq 2{,}o + d_s$ $\quad$ d_s = Durchmesser der Stäbe in cm

Eine gleichmäßige Verteilung der Zugkräfte der Bewehrung auf den Beton und eine Beschränkung der Risse im Beton der Zugzone begrenzt aber auch die Größe der Abstände der Bewehrungsstäbe nach oben hin.

$s \leqq 15 + d / 1o$ $\quad$ d = Dicke der Stahlbeton-Konstruktion in cm $\quad$ (41)

3.4.3. Mindest- und Höchstanteile der Stahl-Bewehrung nach Paragraph 17.2.3., 25.2.2.1. und 25.3.3.

Mindest-Bewehrung bei Biegebeanspruchung

aus konstruktiven Gründen sollte eine Mindest-Bewehrung verlegt werden, die nicht kleiner sein soll als bei

BSt 22o/34o	o,25 o/o · A_b
BSt 42o/5oo	o,15 o/o · A_b
BSt 5oo/55o	o,15 o/o · A_b

bei Biegung mit Längskraft

am weniger gedrückten Rand

bzw. an der Zugseite	o,4o o/o · A_b
im Gesamt-Querschnitt	o,8o o/o · A_b

bei umschnürten Druckgliedern

mindestens 6 Längsstäbe 2,oo o/o · A_b

Die Mindest-Bewehrung bei auf Biegung beanspruchten Rechteck-Querschnitten wird bei schwach beanspruchten Bauteilen erforderlich.
Werden die k_h-Werte - vergl. Seite 79 - größer als 5,4, so ist es zweckmäßig, den Bewehrungsanteil zu überprüfen.

Höchst-Bewehrung bei B 15 $5{,}00\ o/o \cdot A_b$
bei B 25 bis B 55 $9{,}00\ o/o \cdot A_b$

bei überwiegender Biegebeanspruchung

Druckbewehrung $A_{s1} \leqq 1{,}00\ o/o \cdot A_b$

allgemein gilt

Druckbewehrung $A_{s1} \leqq$ Zugbewehrung A_{s2}

Die Werte der Höchst-Bewehrung gelten auch in dem Bereich von Überdeckungsstößen der Bewehrung, wenn bis zur doppelten Menge Stahl verlegt wird.

A_b = Beton-Querschnitt

A_{s1} = Stahlquerschnitt als Druckbewehrung

A_{s2} = Stahlquerschnitt als Zugbewehrung

4. Stahlbeton unter Biegebeanspruchung

4.1 Ansätze zur Bemessung

4.1.1. Voraussetzungen

Der Querschnittsbemessung liegen im Bauwesen im allgemeinen die Lehrsätze von

1. Bernoulli: Ebene Querschnitte bleiben auch nach der Verformung eben.
2. Hooke: Dehnungen sind den Spannungen proportional.
3. Navier: Spannungen nehmen linear mit dem Abstand von der Null-Linie zu.

zugrunde.

Diese Annahmen, die bei Holz und Stahl ihre Gültigkeit haben, führen bei dem Verbund-Querschnitt aus Beton und Stahl nicht zu Ergebnissen, die mit der Wirklichkeit übereinstimmen. Nach der DIN 1o45 kann nur der Lehrsatz von Bernoulli angewandt werden. Wie auf Seite 54 gezeigt, folgt der Beton nicht dem Hooke'schen Gesetz und damit der Annahme von Navier.

Die weiteren üblichen Annahmen wie

4. Gerade Stabachse
5. Querschnittsdicke 'd' ist klein gegenüber der Stützweite 'l_o'
   $d < l_o/2$ bzw. $d < l_k$ wenn l_o die Entfernung der Momenten-Nullpunkte und l_k die Länge des Kragträgers ist

können angewendet werden.

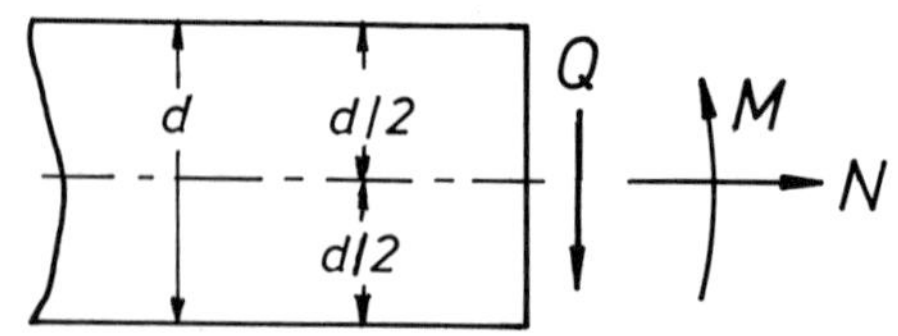

Abbildung 12 Schnittgrößen und Bezeichnungen am Balken

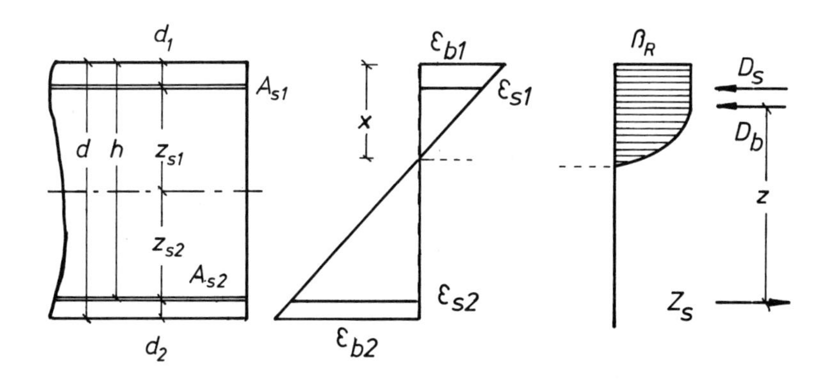

Abbildung 13 Spannungs- und Dehnungszustand im Bruchzustand

4.1.2. Bemessungsformeln für Rechteck-Querschnitte

4.1.2.1. Abstand der Null-Linie vom gedrückten Rand 'x'

Aus dem Dehnungs-Diagramm der Abbildung 13 läßt sich die Lage der Null-Linie oder der Abstand 'x' vom gedrückten Rande ableiten.

In den Ansätzen werden die Dehnungen mit '+'-Vorzeichen und die Stauchungen mit '-'-Vorzeichen eingesetzt. Zugspannungen werden wie üblich mit '+' und Druckspannungen mit '-' gebraucht.

$$\frac{-\varepsilon_1}{x} = \frac{-\varepsilon_1 + \varepsilon_s}{h} \qquad x = \frac{-\varepsilon_1}{-\varepsilon_1 + \varepsilon_s} \cdot h$$

$$\boxed{x = k_x \cdot h}$$

4.1.2.2. Hebelarm der inneren Kräfte 'z'

Die Auswertung des Spannungs-Dehnungs-Diagrammes muß für die beiden Bereiche $0 > \varepsilon_1 > -2{,}0$ o/oo, den Parabelbereich und für $-2{,}0$ o/oo $> \varepsilon_1 > -3{,}5$ o/oo, den Rechteckbereich erfolgen. Die Auswertung ergibt:

1. Bereich $0 > \varepsilon_1 > -2{,}0$ o/oo

$$z = \frac{1}{-\varepsilon_1 + \varepsilon_{s2}} \cdot \left(\varepsilon_{s2} - \frac{\varepsilon_1 \cdot (3 \cdot \varepsilon_1 + 16)}{4 \cdot (\varepsilon_1 + 6)} \right) \cdot h$$

$$\boxed{z = k_z \cdot h}$$

2. Bereich $-2{,}0$ o/oo $> \varepsilon_1 > -3{,}5$ o/oo

$$z = \frac{1}{-\varepsilon_1 + \varepsilon_{s2}} \cdot \left(\varepsilon_{s2} + \frac{2 - 3 \cdot \varepsilon_1^2}{2 \cdot (2 + 3 \cdot \varepsilon_1)} \right) \cdot h$$

$$\boxed{z = k_z \cdot h}$$

4.1.2.3. Erforderlicher Stahlquerschnitt 'k_s'

Aus der Querschnittsform und den Rand-Dehnungen bzw. Stauchungen kann mit Hilfe der Ansätze für die Spannungslfächen der Beton-Druckzone die resultierende Beton-Druckkraft 'D_b' berechnet werden. Auf der anderen Seite kann die Größe der Druckkraft auch unter Verwendung des Hebelarmes der inneren Kräfte berechnet werden. Aus Gleichgewichtsgründen muß die dazugehörige Stahl-Zugkraft 'Z_s' zahlenmäßig genau so groß sein wie die Beton-Druckkraft.

$$/ Z_s / = / D_b / = M / z = As \cdot \beta_s / \gamma$$

$$A_s = \frac{1000 \cdot \gamma}{k_z \cdot \beta_s} \cdot \frac{M}{h}$$

$$\boxed{A_s = k_s \cdot M / h}$$

4.1.2.4. Erforderliche Nutzhöhe 'k_h'

Für den am meisten gebrauchten Querschnitt, den Rechteck-Querschnitt, hat man einen weiteren Hilfswert zum Berechnen der erforderlichen Nutzhöhe 'h' bestimmt und tabelliert. Um die Tabellen allgemein verwenden zu können, werden alle Werte auf die Längeneinheit bezogen.

Aus dem Ansatz $D_b = M / z$, der allgemein gilt folgt

$$\frac{D_b}{b} = \frac{M}{b \cdot z} = \frac{1}{k_z} \cdot \frac{M}{h \cdot b}$$

1. Bereich $\quad 0 > \varepsilon_1 > -2{,}0$ o/oo

$$h = \frac{4 \cdot (\varepsilon_1 - \varepsilon_{s2})}{\varepsilon_1} \cdot \sqrt{\frac{30}{4 \cdot (6 + \varepsilon_1) \cdot \varepsilon_{s2} - (16 + 3 \cdot \varepsilon_1) \cdot \varepsilon_1}} \cdot \sqrt{\frac{\gamma}{\beta_R}} \cdot \sqrt{\frac{M}{b_m}}$$

$$\boxed{h = k_h \cdot \sqrt{M/b_m}}$$

2. Bereich $\quad -2{,}0$ o/oo $> \varepsilon_1 > -3{,}5$ o/oo

$$h = (\varepsilon_{s2} - \varepsilon_1) \cdot \sqrt{\frac{30}{1{,}5 \cdot \varepsilon_1^2 - (2 + 3 \cdot \varepsilon_1) \cdot \varepsilon_{s2} - 1}} \cdot \sqrt{\frac{\gamma}{\beta_R}} \cdot \sqrt{\frac{M}{b_m}}$$

$$\boxed{h = k_h \cdot \sqrt{M/b_m}}$$

Die Formel für die Nutzhöhe wird auch zum Nachweis der vorhandenen Dehnungen des Stahles und der Stauchungen des Betons verwendet, dann jedoch in der Form

$$\boxed{k_h = h / \sqrt{M / b_m}}$$

Die Abstände der einzelnen k_h-Werte sind in den Bemessungstabellen so klein, daß es im allgemeinen nichterforderlich ist, zu interpolieren. Es ist ausreichend genug, den nächst kleineren Wert in der Tabelle der k_h-Werte aufzusuchen und die entsprechenden anderen Werte k_x, k_z und k_s der Tafel zu entnehmen, sofern der berechnete k_h-Wert zwischen zwei Tafelwerten liegt. Mit größer werdender Beton-Stauchung und mit kleiner werdender Stahl-Dehnung fallen die k_h-Werte.

4.1.3. Näherungen für die Spannungs-Dehnungs-Linie des Betons nach Paragraph 16.3.

Die Berechnung der in den vorangegangenen Abschnitten behandelten Rechenbeiwerten läßt sich bei Rechteck-Querschnitten verhältnismäßig einfach durchführen. Muß aber für Beton-Querschnitte zusätzlich eine Funktion für die Breite der Druckzone eingeführt werden, erfordert die Berechnung einen erheblichen Zeitaufwand. Gedacht ist in diesem Zusammenhang an Querschnitte, deren Druckzone als Dreieck bei Biegung über Eck oder als Kreis-Querschnitt ausgebildet ist.

Bei Formänderungs-Berechnungen bei kurzzeitigen Belastungen, die über der Gebrauchslast liegen, z.B. beim Nachweis der Knicksicherheit, darf mit einer vereinfachten Spannungs-Dehnungs-Linie nach Bild 1o gerechnet werden. Rechnerisch schwierig zu erfassende Querschnitte können mit Hilfe eines gestutzten rechteckigen Spannungs-Dehnungs-Diagrammes berechnet werden. In diesem Falle ist zunächst die Null-Linie zu schätzen, und anschließend ist die Beton-Druck-Kraft mit ihrem Abstand von der Bewehrung zu bestimmen.
Ist das aus diesen Kräften berechnete 'innere Biegemoment' wesentlich größer als das angreifende Biegemoment, ist die Null-Linie erneut festzulegen.

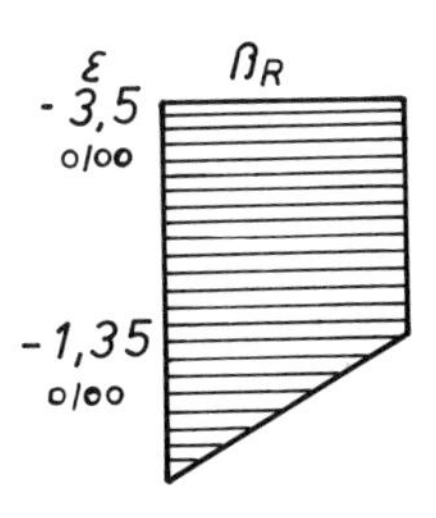

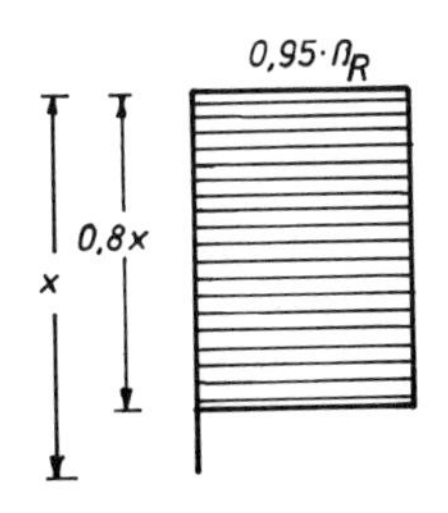

Bild 1o Vereinfachtes Spannungs-Dehnungs-Diagramm

Abbildung 14 Vereinfachtes Spannungs-Dehnungs-Diagramm

Die Anwendungsbereiche sind dem Abschnitt 4.1.3. zu entnehmen.

4.1.4. Parabel - Konstruktion

Annahme: Die X-Achse des Koordinatensystemes sei gleich der Achse der quadratischen Parabel, die Y-Achse gehe durch den Scheitelpunkt S parallel zu der Geraden A - B und senkrecht zu der Parabel-Achse. Die Gleichung der quadratischen Parabel lautet dann

$$y^2 = 2 \cdot p \cdot x$$

Folgerung: Errichtet man auf der Parabel-Achse im Abstande p/2 und 2p Lote, so sind die Abschnitte auf den Loten bis zu den Parabel-Punkten p bzw. 2p lang. Die Fußpunkte der Lote sind in der Abbildung 15 mit M_1 und M_3 bezeichnet.

Zeichnerische Lösung:

Begründung:
Die Geometrie lehrt, daß alle rechten Winkel, deren Scheitel auf einer Geraden liegen, die senkrecht zu einer Geraden, der Parabel-Achse, durch den Punkt S, den Scheitelpunkt der Parabel, verläuft, und deren einer Winkelschenkel

durch einen Punkt den Brennpunkt der Parabel M_1, geht, mit dem anderen Winkelschenkel die Umhüllende der Parabel mit dem Brennpunkt M_1 und dem Parameter $p = S - M_2$ ergeben.

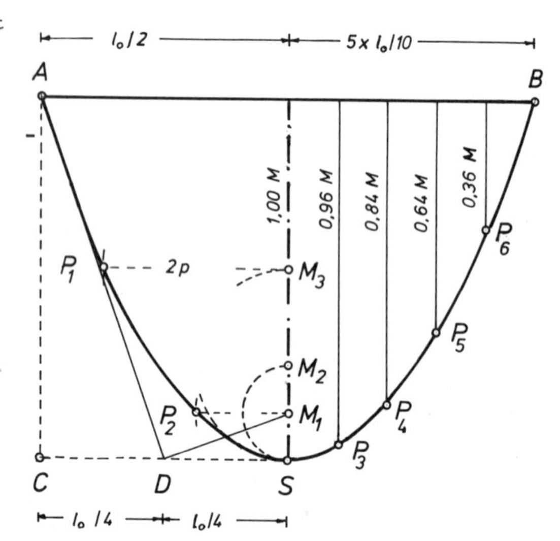

Abbildung 15 Parabel-Konstruktionen

1. Rechteck A - C - S - Mitte der Stecke A - B zeichnen.
2. C - S = l_o / 2 halbieren ergibt D
3. Parabel - Tangente A - D zeichnen.
4. Lot auf A - D in D ergibt mit der Parabel-Achse den Schnittpunkt M_1, den Brennpunkt der Parabel.
5. Kreis um M_1 mit dem Radius $M_1 - S = p / 2$ ergibt als Schnittpunkt mit der Parabel-Achse den Punkt M_2.
6. Der Kreis um M_2 mit dem Radius $M_2 - S = p$ ist der Scheitelkreis der Parabel (Krümmungskreis in S).
7. Der Scheitelkreis schneidet die Parabel-Achse in M_3. Senkrecht auf der Parabel-Achse in M_3 die Strecke $M_3 - S = 2\ p$ abtragen ergibt den Parabel-Punkt P_1.
8. Senkrecht auf der Parabel-Achse in M_1 die Strecke $M_2 - S = p$ abtragen ergibt den Parabel-Punkt P_2.

Rechnerische Lösung:

Die Momenten-Linie eines Trägers, auf beiden Seiten gelenkig gelagert, mit einer gleichmäßig verteilten Streckenlast q (KN/m) folgt einer quadratischen Parabel, desgleichen bei einem Träger mit Stützmomenten an den Auflagern zwischen den Momenten-Nullpunkten. Nach Abbildung 15 liegt der Koordinaten-Nullpunkt bei dem folgenden Ansatz im Punkte A, die X-Achse verläuft in Richtung B, die Y-Achse in Richtung C.

Die Auflager-Kraft ist $V_A = V_B = Q_A = Q_B = q \cdot l_o / 2$
Die Gleichung der Momenten-Linie lautet damit

$$M(x) = Q \cdot x - q \cdot x^2 / 2$$

$$= \frac{q \cdot l_o \cdot x}{2} - \frac{q \cdot x^2}{2}$$

$$= \frac{q \cdot l_o^2}{2} \cdot \left(\frac{x}{l_o}\right) - \frac{q \cdot l_o^2}{2} \cdot \left(\frac{x}{l_o}\right)^2$$

setzt man für $\frac{x}{l_o} = \xi$ und $0 \leq \xi \leq 1$

und erweitert man den Bruch mit 4, wird

$$M(x) = 4 \cdot \frac{q \cdot l_o^2}{8} \cdot (\xi - \xi^2)$$

da $q \cdot l_o^2 / 8$ das maximale Feldmoment ist, wird

$$M(x) = \max M_{AB} \cdot 4 \cdot (\xi - \xi^2)$$

Die Werte $4 \cdot (\xi - \xi^2)$ sind für die 1/1o - Punkte ausgerechnet und in der Abbildung 15 an den entsprechenden Linien angetragen.

4.2. Konstruktive Bedingungen

4.2.1. Auflager und Stützweite nach Paragraph 15.2., 2o.1.2. und 21.1.1.

Durch konstruktive Maßnahmen wie Linien-Kipp- oder Rollen-Lager kann bei großen Bauwerken die Gestaltung der Auflager schon von vornherein festgelegt sein. Im Stahlbetonbau der allgemein üblichen Größenordnung überwiegen dagegen die einfachsten Arten der Auflager. Platten wie Balken werden auf Mauerwerk aufgelegt oder biegesteif zusammen mit den unterstützenden Balken oder Stützen betoniert.

1. Mindestabmessungen der Auflager
Unbeschadet aller konstruktiven oder statischen Erfordernisse müssen gewisse Mindest-Abmessungen eingehalten werden.

Bei Platten ist die Auflagertiefe abhängig von dem Material der Auflagerung wie folgt zu wählen:

1.	Mauerwerk und Beton B 5 oder B 1o	7 cm
2.	Beton B 15 bis B 55 und Stahl	5 cm
3.	Trägern aus Stahl oder Stahlbeton, wenn seitliches Ausweichen der Auflager durch konstruktive Maßnahmen verhindert wird, und die Stützweite der Platte nicht größer als 2,5o m ist	3 cm

Aus konstruktiven Gründen wird empfohlen, die Auflagertiefe etwa so groß zu wählen, wie die Platte dick ist.

Bei Balken muß die Auflagertiefe mindestens 1o cm betragen.

2. Frei drehbare Lagerung eines Endauflagers

Die Stahlbeton-Konstruktion liegt ohne weitere Verbindung frei beweglich auf der Unterlage auf. Infolge der Verformbarkeit des Materials des Auflagers ist die Spannungsverteilung in der Auflagerfläche dreieckförmig anzunehmen. Die Resultierende der Auflagerpressungen ist danach 1/3 der Auflagertiefe 't' vom inneren Auflagerrand aus gemessen anzusetzen.

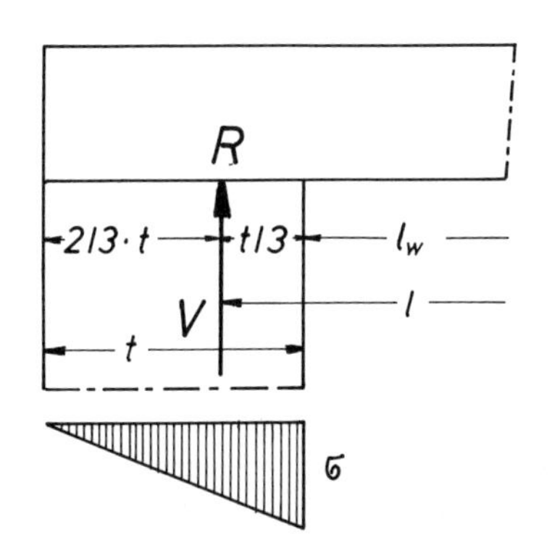

Abbildung 16
Frei drehbare Lagerung
Lage der Auflagerkraft V
Rechnerische Auflagerlinie R
Spannungsverteilung
Stützweite l
lichte Weite l_w

Die in der statischen Berechnung nachzuweisenden Druckspannungen in der Auflagerfläche betragen bei

Balken	Platten
$\sigma_A = \frac{2 \cdot 1o \cdot Q_A \text{ (KN)}}{b \text{ (cm)} \cdot t \text{ (cm)}}$	$\sigma_A = \frac{0{,}20 \cdot q_A \text{ (KN/m)}}{t \text{ (cm)}}$
σ wird in (N/mm^2) gemessen.	

	1	2	3	4	5	6
	Betonfestig-keits-Klasse	B 5	B 1o	B 15	B 25	B 35
1	zul σ	1,1	2,3	4,2	7,o	9,2

Tafel 19 Zulässige Druckspannungen für unbewehrten Beton (Kantenspannung) mit γ = 3,o bzw. γ = 2,5

	1	2	3	4	5	6	7
	Güteklasse der Steine	Wanddicke < 24 cm			Wanddicke ≧ 24 cm		
		Mörtelgruppe			Mörtelgruppe		
		I	II	III	I	II	III
1	2	-	o,3	o,4	o,3	o,5	o,6
2	4	-	o,5	o,7	o,4	o,7	1,o
3	6/8	o,4	o,6	o,8	o,6	o,9	1,2
4	12	o,6	o,8	1,1	o,8	1,2	1,6
5	2o	o,7	1,1	1,5	1,o	1,6	2,2
6	28	-	1,5	2,o	-	2,2	3,o

Tafel 2o Zulässige Druckspannungen in N/mm^2 (Kantenspannung) für Mauerwerk aus künstlichen Steinen nach DIN 1o53

Wird die Auflagertiefe aus konstruktiven Gründen sehr groß gewählt, kann für die Statische Berechnung der Lastangriffspunkt 2,5 o/o der lichten Weite hinter der Innenkante des Auflagers angenommen werden.

3. Frei drehbare Lagerung eines Innenauflagers durchlaufender Bauteile und Einspannung am Auflager.

Die Auflagerkraft kann in der Mitte der Auflagerfläche angesetzt werden.

4. Direkte Auflagerung nach Paragraph 17.5.2.
Die Auflagerkraft wird durch normal zum unteren Konstruktionsrand wirkende Druckspannungen eingeleitet (unmittelbare Stützung).

5. Indirekte Auflagerung nach Paragraph 17.5.5. und 18.1o.2. Durchdringen sich Haupt- und Nebentragwerk (mittelbare Lasteintragung, so muß eine Aufhängebewehrung vorgesehen werden, die die Auflagerkraft des Nebentragwerkes in den Hauptträger überleiten kann.

6. Stützweite l nach Paragraph 15.2.

Die Stützweite 'l' wird von Angriffslinie bis zur Angriffslinie der Auflagerkräfte gemessen.

4.2.2. Mindest-Nutzhöhe nach Paragraph 17.7.

Im Holz- und Stahlbau muß für verschiedene Konstruktions-Glieder die Durchbiegung nachgewiesen werden, wobei bestimmte Grenzwerte nicht überschritten werden dürfen. Während sich die Durchbiegungen bei Bauteilen aus Stoffen mit gleicher Zug- und Druckfestigkeit verhältnismäßig leicht nachweisen lassen, bereitet die Berechnung bei dem Baustoff Stahlbeton im Stadium II wesentliche Schwierigkeiten. Ließe sich die Verformung aufgrund der elastischen Längenänderungen noch einfach durchführen, ergeben sich aus dem Erfassen der Einflüsse, die eine Folge des Kriechens und Schwindens sind, erhebliche Schwierigkeiten. Man versucht, die Biege-Weichheit einer Stahlbetonkonstruktion durch die Begrenzung der Biege-Schlankheit einzuschränken.

$$\text{Biege-Schlankheit} \quad \lambda_B = l_i / h$$

Im Allgemeinen gilt bei Bauteilen $l_i / h = 35$ oder anders geschrieben

$$h \geqq l_i / 35$$

Bei Tragwerken, die Wände oder ähnliche scheibenartige Elemente zu tragen haben, sind höhere Anforderungen zu stellen.
Hier gilt

$$l_i / h \leqq 150 / l_i \quad \text{alle Maße in Metern,}$$

anders geschrieben

$$h\ (cm) \geqq \frac{2}{3} \cdot l_i^2\ (m^2)$$

Bis zu einer Ersatzstützweite 'l_i' = 4,3o m liefert die Formel h = l_i / 35 größere Werte, darüber der andere Ansatz.

Die Ersatzstützweite ist als die Entfernung der Momenten-Nullpunkte eines Trägers zu deuten. Ein frei drehbar gelagerter Träger auf zwei Stützen mit der gleich großen Stützweite 'l' hat die gleiche Durchbiegung wie der andere Träger. Die Ersatzstützweite 'l_i' kann mit Hilfe der Beiwerte ' α ' der nachstehenden Tabelle hinreichend genau berechnet werden.

	1	2
	Statisches System	$\alpha = l_i / l$
1	l; l	1,00
2	l; Endfeld; min. l ≧ 0,8 max. l; l	0,80
3	l; Innenfelder; min. l ≧ 0,8 max. l; l	0,60
4	l_k; l_k	2,40

Beiwerte α = l_i / l

Bei vierseitig gelagerten Platten ist die kleinste Ersatzstützweite, bei dreiseitig gelagerten Platten die Ersatzstützweite parallel zum freien Rande für das Ermitteln von 'h' maßgebend.

4.2.3. Die Z_s-Linie nach Paragraph 18.7.2.

Einem Stahlbeton-Tragwerk kann man nicht von außen ansehen, welche Belastung es aufnehmen kann. Die zulässige Belastung ist weitgehend von der im Tragwerk verlegten Bewehrung abhängig. Deshalb schreibt die DIN 1o45 in den meisten Fällen einen Nachweis des aufnehmbaren Biegemomentes vor. Aus der

Bemessung eines Stahlbeton-Querschnittes ergibt sich der erforderliche Stahl-Querschnitt A_s und daraus die erforderliche Zugkraft, die die Bewehrung aufnehmen muß zu

$$Z_s = \frac{M}{z} = \text{erf } A_s \cdot \sigma_s$$

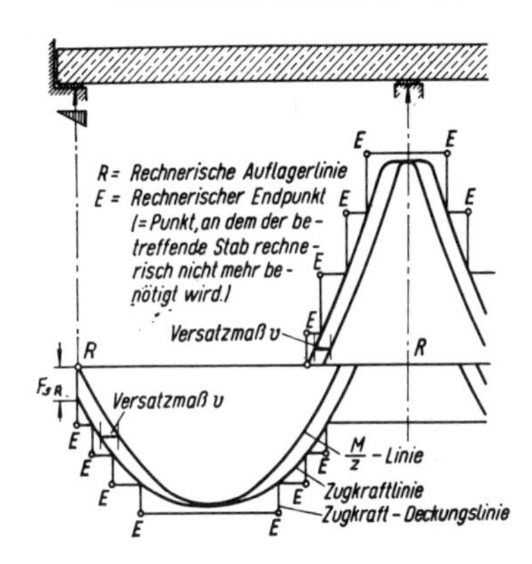

Bild 21 Beispiel für eine Zugkraft-Deckungslinie bei reiner Biegung

Zunächst wird die Momenten-Grenz-Linie aus den verschiedensten Lastfällen ermittelt, und daraus die M/z-Linie. Der Einfachheit geht man dabei von den erforderlichen Stahlquerschnitten aus, wobei eine eventuell veränderliche Nutzhöhe und damit veränderlicher Hebelarm der inneren Kräfte erfaßt wird. Aus Gründen, die im Zusammenhang mit den Schubspannungen erläutert werden, ist mit der M/z-Linie noch keine vollständige Gewähr für die Tragfähigkeit des Bauteiles gegeben. Die M/z-Linie muß noch um das Versatzmaß 'v' in Richtung der Tragwerksachse vergrößert werden. Im Bauteil selbst muß nun an jeder Stelle soviel an aufnehmbarer Zugkraft Z_s = vorh. $A_s \cdot \sigma_s$ vorhanden sein, daß die erforderliche Zugkraft nie einen größeren Wert erreicht. Dieser Nachweis wird am einfachsten auf graphischem Wege geführt, indem man die Z_s-Linie, die sich in den meisten Fällen aus Geraden und Parabeln zusammensetzt, aufträgt und in die gleiche Darstellung die Treppenlinie der vorhandenen Stahl-Zugkraft einzeichnet.

Die Größe des Versatzmaßes 'v' ist von der Konstruktion und von der Art der vorhandenen Schubbewehrung abhängig. Der Wert von 'v' wird bei den einzelnen Konstruktionen angegeben.

4.2.4. Die Verankerung der Bewehrungsstähle im Bauteil

4.2.4.1. Verbundspannungen nach Paragraph 15.2.1

In dem Abschnitt über die Z_s-Linie wurde gezeigt, daß die Stahl-Zugkraft proportional zu der Momenten-Linie - gleiche Nutzhöhe über die gesamte Trägerlänge vorausgesetzt - verläuft. An dem Endauflager muß eine Zug-Kraft F_{sR} aufgenommen werden. Die Zugkraft erreicht an der Stelle des größten Feldmomentes einen Größtwert. Der Zuwachs der Zugkraft von F_{sR} auf max Z_s muß durch Haft- oder Verbundspannungen an der Oberfläche der Bewehrung auf den Beton übertragen werden.

	1	2	3	4	5	6	7
	Verbund-bereich	Oberflächen-gestaltung	Festigkeitsklasse des Betons				
			B 15	B 25	B 35	B 45	B 55
1	I	glatt BSt 220/340 GU, BSt 500/550 GK	0,6	0,7	0,8	0,9	1,0
2		profiliert BSt 500/550 PK	0,8	1,0	1,2	1,4	1,6
3		gerippt BSt 420/500 RU, RK BSt 500/550 RU, RK	1,4	1,8	2,2	2,6	3,0
4	II	50 % der Werte von Verbundbereich I					

Tabelle 19 Zulässige Rechenwerte der Verbundspannung (zul τ_1 in N/mm^2) unter vorwiegend ruhender Belastung

Die zulässigen Rechenwerte der Verbundspannungen sind abhängig von der Lage der Bewehrungsstäbe im Querschnitt beim Betonieren.

Lage 'I' gilt für alle Stäbe, die beim Betonieren zwischen 45° und 9o° gegen die Waagerechte geneigt sind; für flacher geneigte und waagerechte Stäbe nur dann, wenn sie beim Betonieren entweder höchstens 25 cm über der Unterkante des Frischbetons oder mindestens 3o cm unter der Oberseite des Bauteiles oder eines Betonierabschnittes liegen.

Lage 'II' gilt für alle Stäbe, die nicht der Lage 'I' zuzuordnen sind.

Ein Nachweis der Verbundspannungen ist im allgemeinen nicht erforderlich.
Der Nachweis erfolgt nach dem Ansatz

$$\tau_1 = \frac{\Delta Z_S}{u \cdot \Delta x} \leqq \text{zul } \tau_1 \qquad (34)$$

Hierin bedeuten

- ΔZ_S Unterschied der Zugkraft innerhalb der Strekke Δx
- Δx Teillänge in Trägerrichtung
- u Umfang der Bewehrung in dem betrachteten Querschnitt
- zul τ_1 Rechenwert der Verbundspannung nach Tabelle 19

Die Formel (34) läßt sich für den Gebrauch umformen:

mit $\Delta Z_S = \frac{\Delta M}{z}$ wird $\tau_1 = \frac{\Delta M}{z \cdot u \cdot \Delta x}$

und da $\frac{\Delta M}{\Delta x} = Q$ ist, wird

$$\tau_1 = \frac{10 \cdot Q}{z \cdot u} \leqq \text{zul } \tau_1$$

Q [KN] z [cm] u [cm] τ_1 [N/mm²]

4.2.4.2. Die Verankerung der Bewehrungsstäbe nach Paragraph 18.5.

Gerade Stabenden

Das einfachste Veranderungselement ist das gerade Stabende. Glatte und profilierte Stäbe dürfen nach Paragraph 18.5.1. nicht mit geradem Stabende verankert werden, dagegen Stäbe mit gerippter Oberfläche. Die glatten und profilierten Stäbe müssen zusätzliche Haben erhalten. Bei diesen Stäben stellt die Verankerungslänge 'l_o' nur einen Rechenwert dar.

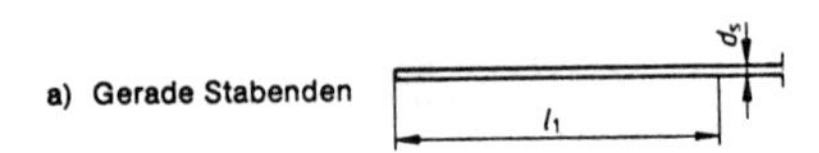

Tabelle 2o,1   Verankerung eines Rippenstabes mit geradem Stabende

Das Grundmaß der Verankerungslänge berechnet sich zu

$$l_o = \frac{F_S}{\gamma \cdot u \cdot \text{zul}\,\tau_1} = \frac{\beta_S}{4 \cdot \gamma \cdot \text{zul}\,\tau_1} \cdot d_s \qquad (21)$$

In der Formel 21 bedeuten

F_S — Zugkraft im Bewehrungsstab bei $\sigma_s = \beta_S$

zul τ_1 — zulässiger Rechenwert der Verbundspannung nach Tabelle 19, wobei τ_1 über die Länge l_o als konstant angenommen werden darf

γ — Sicherheitsbeiwert, mit 1,75 angesetzt

Das Grundmaß 'l_o' darf auf das Maß 'l_1' verkleinert werden, wenn die vorhandene Bewehrung (vorh A_s) größer als die rechnerisch erforderliche (erf A_s) ist.

$$l_1 = \alpha_1 \cdot l_o \frac{\text{erf } A_s}{\text{vorh } A_s} \geqq 1o\, d_s \qquad (22)$$

Haken bzw. Winkelhaken

Haken bzw. Winkelhaken sind hinsichtlich ihrer Verankerungswirkung als gleichwertig anzusehen. Winkelhaken dürfen jedoch nur bei Rippenstählen, nicht bei glatten oder profilierten Rundstäben vorgesehen werden.

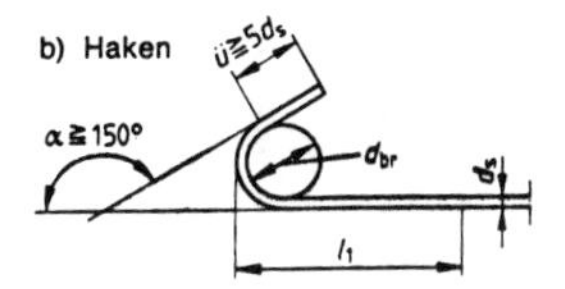

Tabelle 2o,2 Verankerung mit Haken

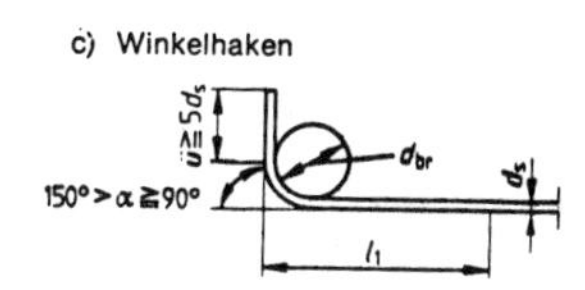

Tabelle 2o,2 Verankerung mit Winkelhaken

Wegen der besseren Verankerungsbedingungen eines Hakens dürfen die erforderlichen Verankerungslängen 'l_o' verkürzt werden. Die verkürzte Verankerungslänge 'l_1' ergibt sich zu

$$l_1 = \alpha_1 \cdot l_o \cdot \frac{\text{erf } A_s}{\text{vorh } A_s} \geqq \frac{d_{br}}{2} + d_s \qquad (22)$$

Hierin bedeuten

l_o bzw. l_1 Verankerungslänge nach den Gleichungen 21 bzw. 22

α_1 Beiwert für den Einfluß von Haken
1,o bei geraden Stabenden
o,7 bei Haken und Winkelhaken

d_s Durchmesser des Stabes
Bei Doppelstaäben ist mit einem Vergleichsdurchmesser $d_{sV} = d_s \cdot \sqrt{2}$ zu rechnen.

d_{br} Biegerollendurchmesser $\alpha \cdot d_s$ nach Seite 23

Geschweißte Betonstahlmatten nach Paragraph 18.2.2.

Geschweißte Betonstahlmatten dürfen ohne Berücksichtigung der Querstäbe nach den Regeln für Rundstäbe verankert werden. Haken können auch vorgesehen werden. Diese Lösung empfiehlt sich bei der Verankerung von Matten als Bewehrung von Platten, die in Verbindung mit Stahlbeton-Balken hergestellt werden, sowie bei den dünneren Durchmessern der Matten-Stäbe.

Sollen die aufgeschweißten Querstäbe der Matten aus gerippten Stählen bei den Verankerungslängen berücksichtigt werden, können die folgenden Annahmen für α_1 in der Formel 22 getroffen werden.

1. 1 Querstab im Verankerungsbereich
   $\alpha_1 = 0{,}7$

e) Gerade Stabenden mit mindestens einem angeschweißten Stab innerhalb l_1

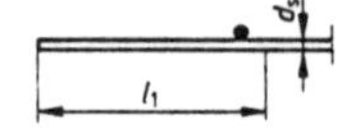

2. 1 Querstab im Verankerungsbereich und ein Haken
   $\alpha_1 = 0{,}5$

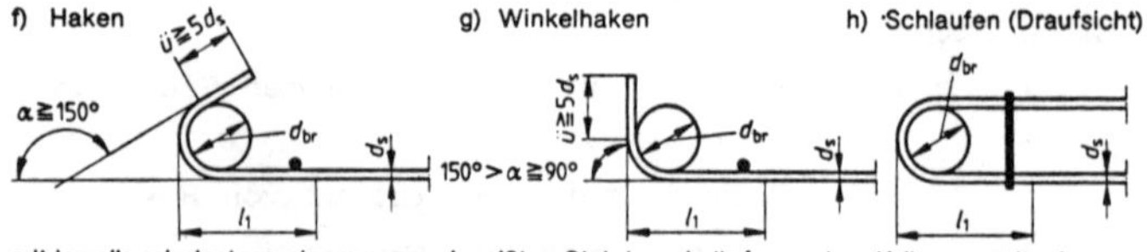

mit jeweils mindestens einem angeschweißten Stab innerhalb l_1 vor dem Krümmungsbeginn

3. 2 Querstäbe im Verankerungsbereich

$\alpha_1 = 0,5$

Gerade Stabenden mit mindestens zwei angeschweißten Stäben innerhalb l_1 (Stababstand $s_q < 10$ cm bzw. $\geq 5\,d_s$ und ≥ 5 cm), nur zulässig bei Einzelstäben mit $d_s \leq 16$ mm bzw. Doppelstäben mit $d_s \leq 12$ mm

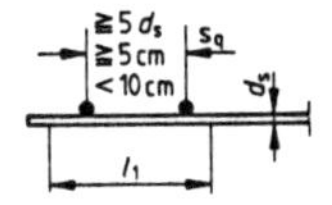

Bei Matten aus glatten oder profilierten Stählen ergibt sich die Verankerungslänge l_1 aus dem Überstand der Längsstäbe und der Zahl der Querstäbe n multipliziert mit dem Abstand der Querstäbe

$$n = 4 \cdot \frac{\text{erf } A_s}{\text{vorh } A_s} \tag{23}$$

n auf ganze Zahlen aufgerundet

Die so errechnete Verankerungslänge l_1 darf jedoch nicht kleiner werden als l_1 für gerippte Stähle nach Gleichung (22).

Verankerung der Bewehrung in der Stahlbeton-Konstruktion nach Paragraph 18.7.3.

Betonstähle, die nicht mehr zu der Zugkraft-Deckung benötigt werden, können aufgebogen und zu der Aufnahme von Schubkräften herangezogen werden. Im Bereich des Schubbereiches 1 und 2 - siehe Abschnitt 5.1.2. Schubdeckungsgrad η - Schubbereiche im Teil II - dürfen die Stäbe in der Zugzone gerade enden, sogenannte 'gestaffelte Bewehrung'. Bei der gestaffelten Bewehrung muß der nicht mehr benötigte Stab um das Maß '$\alpha_1 \cdot l_o$ ' über den rechnerischen Endpunkt ' E ' nach Bild 21 auf Seite 89 hinausgeführt werden. Bei Platten mit einer Bewehrung mit $d_s < \phi$ 16 darf das Maß $\alpha_1 \cdot l_o$ auf den Wert l_1 nach Gleichung 22 - Seite 93 - verringert werden.
In dem Verankerungsbereich treten erhebliche Spalt-Zugkräfte auf, die zum Abplatzen von Beton-Teilen führen können.
Um diese Zerstörungserscheinungen zu verhindern, müssen entsprechende Vorkehrungen getroffen werden.

1. Die Beton-Überdeckung der endenden Stäbe ist so groß, daß besondere Maßnahmen nicht ergriffen werden müssen. Das kann unter den folgenden Voraussetzungen angenommen werden:

   Stababstände $s_s = 2\ d_s$
   Betonüberdeckung
   $c_s \geqq 2{,}4\ d_s$

   Stababstände $s_s \geqq 6\ d_s$
   Betonüberdeckung
   $c_s \geqq 1{,}2\ d_s$

   Zwischenwerte dürfen eingeschaltet werden.

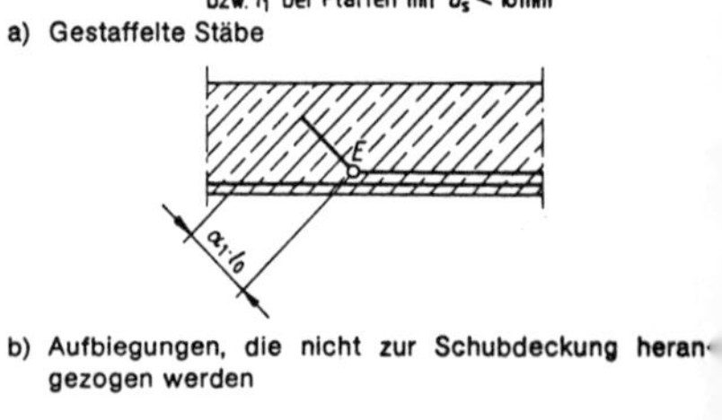

Bild 23 a-b Beispiele für Verankerungen im Bereich von Betonzugspannungen außerhalb der Auflager (gestaffelte Bewehrung

Da die Betonüberdeckung im allgemeinen kleiner ist, sind die Enden der Stäbe zur Mitte der Konstruktion einzuschwenken. Ein Abbiegen, wie es in dem Bild 23 b gezeigt wird, ist nicht unbedingt erforderlich. Die Stäbe können leicht ohne eine zusätzliche Verformung auf der Biegemaschine angehoben werden und durch einen Querstab, der auf der durchgehenden Bewehrung liegt, in der angehobenen Lage befestigt werden.

2. Die auftretenden Spalt-Zugkräfte werden durch eine Querbewehrung aufgenommen. Bei Balken genügen im allgemeinen die vorhandenen Bügel, bei Platten die an der Innenseite vorhandene Querbewehrung. Stäbe mit einem Durchmesser von mehr als 14 mm sollten immer durch eine außen liegende Querbewehrung gesichert werden.

Werden Bewehrungsstäbe zur Aufnahme von Schub-Kräften herangezogen, so sind diese im Bereich von Druck-Spannungen im Beton mit einer Länge von $o.6 \cdot \alpha_1 \cdot l_o$ und im Bereich von Zug-Spannungen mit einer Länge von $1{,}3 \cdot \alpha_1 \cdot l_o$ zu verankern. Abbiegungen von Stützbewehrungen und 'Hutbewehrungen' sind immer mit einer Länge von $1{,}3 \cdot \alpha_1 \cdot l_o$ zu verankern.

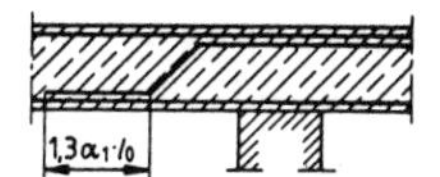

c) Schubabbiegung, verankert im Bereich von Betonzugspannungen

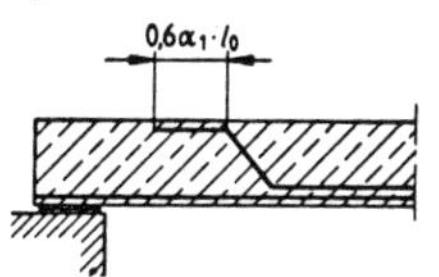

d) Schubaufbiegung, verankert im Bereich von Betondruckspannungen

Bild 23 c und d

Beispiele für Verankerungen von Schubaufbiegungen

Bewehrung der Konstruktion im Bereich der Auflager nach Paragraph 18.7.4. und 18.7.5.

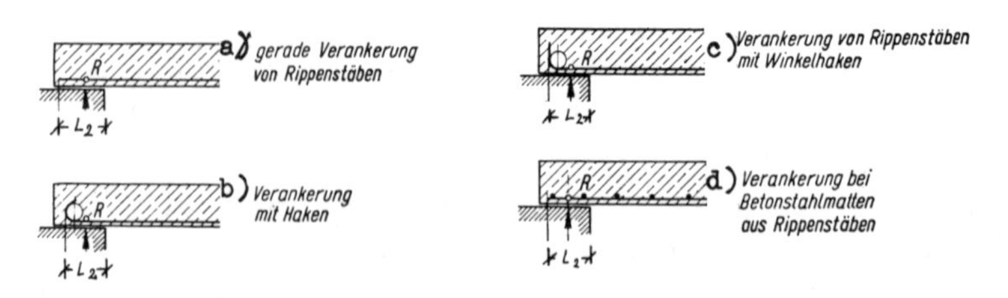

Abbildung 17 a bis d

Beispiele für die Verankerungen an Endauflagern

In der DIN 1o45 werden 'direkte' und 'indirekte' Auflager unterschieden.

Direkte Auflager

Bei den direkten Auflagern liegt die Tragkonstruktion - unter Umständen durch eine Fuge getrennt - auf der Unterkonstruktion auf. Die Auführung der Verankerung der Bewehrungsstäbe ist der Abbildung 17 a bis d zu entnehmen. Die auftretenden Spalt-Zugkräfte werden durch die in der Auflagerfuge entstehenden Reibungs-Kräfte aufgenommen, so daß keine besonderen Vorkehrungen getroffen werden müssen. Bei monolithischer Verbindung zwischen Platte und Balken darf für die Platte eine direkte Auflagerung angenommen werden, wenn die Platte in der oberen Hälfte des Balkens einbindet. ($d \leq d_o/2$).

An frei drehbar gelagerten oder nur schwach eingespannten Endauflagern ist mindestens 1/3 der größten Feld-Bewehrung für eine Zugkraft F_{sR} nach Bild 21 auf Seite 89 zu verankern. Die Zug-Kraft ist anzunehmen mit

bei Balken	bei Platten	
$F_{sR} = Q_R \cdot v/h + N$	$F_{sR} = 1{,}5 \cdot q_R \cdot v/h + n$	(26)
$\text{erf } A_{sR} = \frac{1o \cdot f_{sR}}{\sigma_s}$ (cm²)	$\text{erf } a_{sR} = \frac{1o \cdot f_{sR}}{\sigma_s}$ (cm²/m)	

Bei Platten empfiehlt Leonhardt, den Anteil der Verankerungskraft F_{sR} aus der Querkraft um 5o % zu vergrößern.
In Ausnahmefällen kann es geschehen, daß die Zugkraft Z_R größer wird als die größte Zugkraft im Felde des Trägers.
In diesen Fällen wird es zweckmäßig sein, die Feld-Bewehrung entsprechend zu vergrößern.

$$l_1 = \alpha_1 \cdot l_o \cdot \frac{\text{erf } A_{sR}}{\text{vorh } A_s} \begin{array}{l} \geqq 10\, d_s \\ \geqq \frac{d_{br}}{2} + d_s \end{array} \quad (22)$$

Von dem so bestimmten Verankerungswert 'l_1' muß hinter der Vorderkante des Auflagers nach Bild 21 auf Seite 89 eine Verankerungslänge von mindestens

$$l_2 = \frac{2}{3} \cdot l_1 \begin{array}{l} > t/3 \\ \geqq 6\, d_s \end{array} \quad (27)$$

liegen.

Bei der Verwendung von Betonstahlmatten mit verschweißten Querstäben wird die Verankerungslänge ebenfalls nach den Gleichungen 22 und 27 bestimmt.
Die zusätzliche Verankerung durch die Querstäbe sollte man nur in Sonderfällen berücksichtigen.

Indirekte Auflager

Nebentragwerke, die innerhalb der Höhe des Hauptträgers in diesen einmünden, haben ein 'indirektes Auflager'. Die Auflagerkraft Q_R ist zunächst durch Bügel oder Schrägstäbe, die ausreichend verankert sein müssen, in den Hauptträger überzuleiten. Auf die Schubbewehrung dürfen diese Verankerungsstäbe nicht angerechnet werden. Weiterhin muß die Bewehrung des Nebentragwerkes über der des Hauptträgers liegen. Für die Verankerung der Bewehrung des Nebentragwerkes darf die rechnerische Auflagerlinie im vorderen Drittels-Punkt der Stegbreite b_o des Hauptträgers angenommen werden. Die Verankerungslänge ist dann wie folgt anzusetzen:

$$l_3 = l_1 \begin{array}{l} \geqq t/3 \\ \geqq 1o\ d_s \end{array}$$

(28)

Zwischenauflager

An den Innenauflagern durchlaufender Konstruktionen, an Auflagern mit Einspannungs-Momenten und an Endauflagern mit anschließenden Kragträgern müssen mindestens 25 o/o der Feldbewehrung um das Maß 'l_4' hinter die Auflager-Vorderkante geführt werden. Bei glatten oder profilierten Betonstahlmatten muß mindestens 5 cm hinter der Auflager-Vorderkante ein Querstab liegen. Aus konstruktiven Gründen ist es jedoch zu empfehlen, die Bewehrung über der Unterstützung kraftschlüssig zu stoßen, besonders bei einem Innen-Auflager aus Mauerwerk. Dadurch soll Momenten-Umlagerungen bei Stützsenkungen oder Katastrophen-Belastungen bei Bränden u.s.w. begegnet werden.

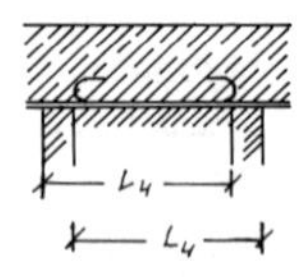

a) Haken

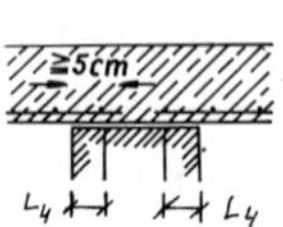

b) Betonstahlmatten aus glatten oder profilierten Stäben

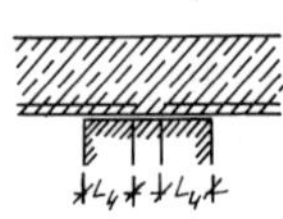

c) Rippenstäbe

Abbildung 18 a-c
Beispiel für die Verankerung über Zwischenauflagern

$$l_4 \geqq 6\ d_s$$

$$\geqq \frac{d_{br}}{2} + d_s$$

Verbundbereich I $h > 3o$ cm oder $d_o - h < 25$ cm (einmal erfüllt)

Verbundbereich II $h < 3o$ cm und $d_o - h > 25$ cm (beide erfüllt)

$l_{oII} = 2 \cdot l_{oI}$

$l_1 = \alpha_1 \cdot l_o \cdot \text{erf } A_s / \text{vorh } A_s \geq 1o\, d_s$

$l_4 = 6\, d_s$

$l_5 = d_{br}/2 + d_s$

mit Haken $\alpha_1 = o.7$

ohne Haken $\alpha_1 = 1.o$

direktes / unmittelbares Auflager $l_2 = 2/3 \cdot l_1$

indirektes / mittelbares Auflager $l_3 = l_1$

Verbundbereich I

Verbundbereich I oder II

Verbundbereich I oder II

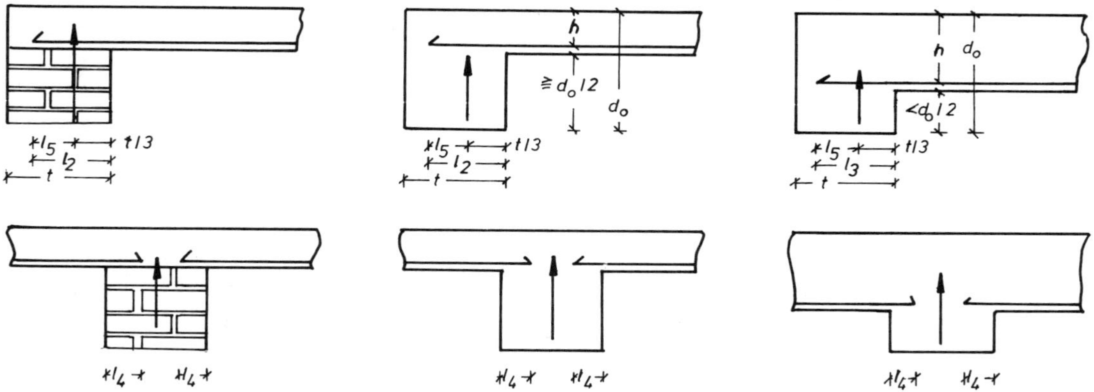

Abbildung 19 Verankerungslängen bei Auflagern

4.2.4.3. Stöße von Bewehrungsstäben und geschweißten Matten

1. Rundstahl, nach Paragraph 18.6.

Reichen die Längen der angelieferten Stähle nicht aus, kann es erforderlich werden, die Stäbe durch 'Stoßen' zu verlängern. Das gleiche kann bei Arbeitsfugen notwendig sein. Solche Stöße sollen möglichst an Stellen vorgesehen werden, wo der Stahlquerschnitt nicht voll ausgenutzt wird. In dem Beton-Querschnitt sollen die Stöße gleichmäßig verteilt und versetzt werden. Für das Ausbilden eines Bewehrungsstoßes gibt es mehrere Möglichkeiten, von denen einige jedoch mit erheblichem Aufwand verbunden sind.

1. Übergreifen mit und ohne Haken b.z.w. Winkelhaken an den Stabenden
2. Verschrauben
3. Schweißen
4. Kontaktstöße

Übergreifen mit und ohne Haken nach Paragraph 18.6.3.

Die Anordnung der Stäbe bei einem Stoß durch übergreifen ist dem Bild 17 zu entnehmen, desgleichen die Bezeichnungen.

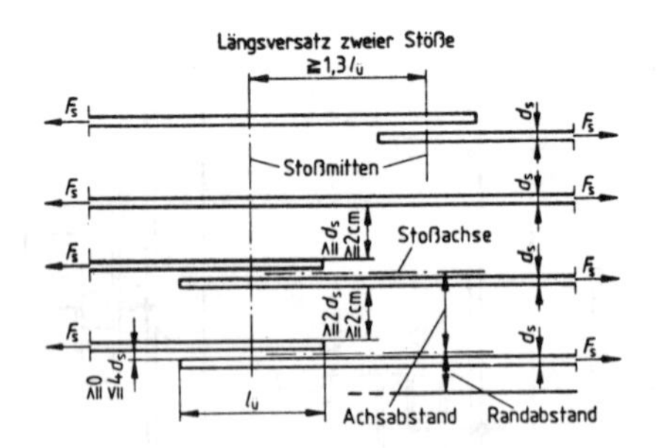

Bild 17 Abstand der Bewehrungsstäbe im Stoßbereich

Der Längsversatz der Stöße muß mindestens 1.3 · $l_ü$ groß sein, um ein gegenseitiges Beeinflussen der einzelnen Stöße zu vermeiden.
Die Übergreifungsstöße können folgendermaßen ausgeführt werden:

Bild 16 Übergreifungsstoß mit geraden Stabenden (Draufsicht)

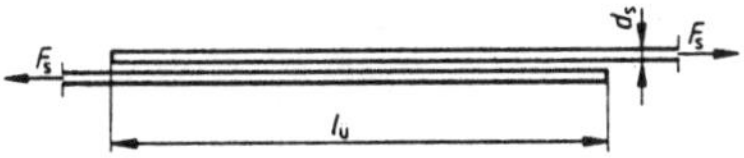

Übergreifungsstoß mit Haken (Ansicht)

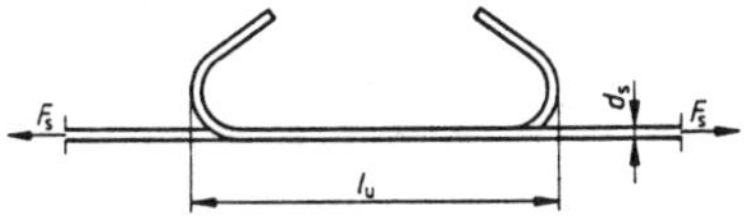

Überdeckungsstoß mit Winkelhaken (Ansicht)

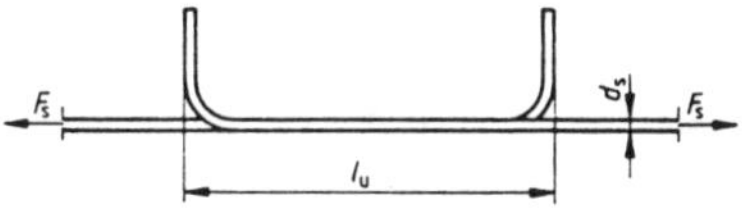

Die Übergreifungslänge nach Bild 16 soll mindestens bei Zugstößen

$$l_{ü} = \alpha_{ü} \cdot \alpha_1 \cdot \frac{\text{erf } A_s}{\text{vorh } A_s} \cdot l_o \geqq \begin{cases} 2o \text{ cm} \\ 15\, d_s \text{ bei geraden Stabenden} \\ 1.5\, d_{br} \text{ bei Haken} \end{cases} \qquad (24)$$

und bei Druckstößen

$$l_{ü} \geqq l_o$$

sein.

Es sind die folgenden Fälle zu unterscheiden:

1. Die gestoßenen Stäbe haben höchstens einen Durchmesser von d_s = 14 mm.
   Es genügt eine konstruktive Querbewehrung, die bei Platten an der Innenseite liegen darf.

2. Die gestoßenen Stäbe haben einen Durchmesser, der größer als d_s = 14 mm ist.
   2.1. Der Anteil der gestoßenen Stäbe in einem Schnitt ist kleiner oder gleich = 2o %.
   Es genügt eine konstruktive Querbewehrung.

   2.2. Der Anteil der gestoßenen Stäbe liegt zwischen 2o % und = 5o %.
   Die Querbewehrung ist nachzuweisen.

   2.3. Der Anteil der gestoßenen Stäbe liegt über 5o %.
   2.3.1. Der Achsabstand der benachbarten Stöße ist $\geqq$ 1o d_s.
   Die Querbewehrung ist nachzuweisen.
   2.3.2. Der Achsabstand der benachbarten Stöße ist $<$1o d_s und die Stöße sind in Längsrichtung etwa o.5 · $l_ü$ versetzt.
   - Sonderfall bei Flächentragwerken -
   Die Querbewehrung ist nachzuweisen.
   2.3.3. Der Achsabstand der benachbarten Stöße ist $<$1o d_s und die Stöße sind in Längsrichtung $\geqq$ 1.3 · $l_ü$ versetzt.
   Die gestoßenen Stäbe müssen im Stoßbereich durch Bügel umschlossen werden. Dabei ist zu beachten:
   1. Die Bügelschenkel sind mit

$$l_1 = \alpha_1 \cdot \frac{\text{erf } A_s}{\text{vorh } A_s} \cdot l_o \geqq \begin{cases} 1o\, d_s \\ \dfrac{d_{br}}{2} + d_s \end{cases}$$

nach Formel (22) - Seite 93 - zu verankern.

2. Reicht die Konstruktionsdicke nicht für die Verankerungslänge l_1 aus, so sind die Bügel nach Bild 26 der DIN 1o45 zu schliessen.

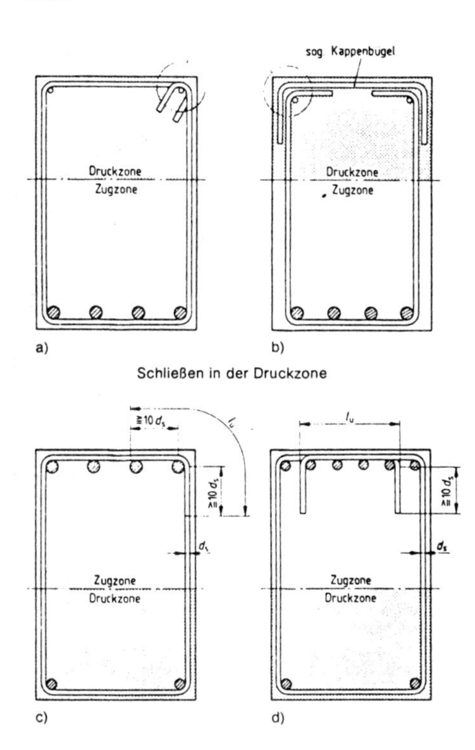

Bild 26 Schließen von Bügeln

3. Der Abstand der Bügelschenkel quer zu der gestoßenen Bewehrung sollte auch bei größeren Querschnittabmessungen des Betons nicht größer als 4o cm sein.

Liegen die zu stoßenden Stäbe im Beton-Querschnitt nicht nebeneinander sondern übereinander, so sind die Bügelschenkel für die Kraft aller von den Bügel umschlossenen Stäbe zu bemessen.

	Verbund-bereich	1 d_s mm	2 s	3 Anteil $\leqq$ 2o%	4 > 2o% = 5o%	5 >5o%	6 Querbe-wehrung
1	I	<16	< 1o d_s	1.2	1.4	1.6	1.o
			$\geqq$ 1o d_s	1.o	1.o	1.12	1.o
2		$\geqq$16	< 1o d_s	1.4	1.8	2.2	1.o
			$\geqq$ 1o d_s	1.o	1.26	1.54	1.o
3	II	< 16	<1o d_s	1.o	1.o5	1.2o	1.o
			$\geqq$ 1o d_s	1.o	1.o	1.o	1.o
4		$\geqq$16	< 1o d_s	1.o5	1.35	1.65	1.o
			$\geqq$ 1o d_s	1.o	1.o	1.16	1.o
	Der Randabstand - vergl. Bild 17 - Seite 1o2 - muß $\geqq$ 5 d_s sein. Der Beiwert α_1 muß mindestens o.7 sein - vergl. Seite 94 und 95 -						

Tafel 21 Beiwerte $\alpha_ü$ nach Tabelle 21

Bei glatten Stäben dürfen höchstens 33 % des Querschnittes in einen Bauteilquerschnitt gestoßen werden.

Die in dem Bereich des Stoßes auftretenden Querzugspannungen müssen durch eine entsprechende Querbewehrung nach Paragraph 18.6.3.4. aufgenommen werden. Allgemein soll die Querbewehrung an der Außenseite der Hauptbewehrung liegen. Sind die zu stoßenden Stäbe dicker als 14 mm, muß sie es. Die erforderliche Querbewehrung, sofern ein Nachweis erbracht werden muß, soll mindestens so groß sein, wie der Querschnitt eines gestoßenen Stabes. Die Querbewehrung soll auf die beiden Bereiche von $0.3 \cdot l_{ü}$, gemessen von den Stabenden, verteilt werden und aus mindestens 3 Stäben bestehen, deren Durchmesser etwa

$$d_{sq} \geqq 0.4 \cdot d_{sl}$$

sein soll.

Der Abstand von Stab zu Stab soll

$$s_q \leqq 15 \text{ cm}$$

sein.

Bei Druckstößen muß vor dem jeweiligen Stoßende ein Stab der Querbewehrung zusätzlich angeordnet werden.

Eine vorhandene Querbewehrung darf angerechnet werden.

Verschrauben nach Paragraph 18.6.5.

Die Enden der Stäbe werden aufgestaucht, und ein Gewinde wird in den verdickten Stahl eingeschnitten bzw. aufgerollt. Der Kernquerschnitt der so erhaltenen Schraube darf nur zu 8o % bzw. bei dem aufgerollten Gewinde zu 1oo % in Rechnung gestellt werden. Die Muffen oder Spannschlösser sind zu berechnen:

$1.0 \cdot \beta_s \cdot A_s$	bezogen auf die Streckgrenze bzw.
$1.2 \cdot \beta_2 \cdot A_s$	bezogen auf die Bruchlast

Am einfachsten ist die Verwendung eines Rippenstahles der Gruppe BSt 42o / 5oo R U, bei dem die Rippen als Teile eines Gewindes aufgewalzt sind. Die sonst bei dieser Stahlgruppe vorgesehenen Längsrippen entfallen dabei. Dieser 'GEWI - Stahl' genannte Betonstahl wird in den Durchmessern 2o bis 28 mm geliefert.

Schweißen nach Paragraph 18.6.6.

Es dürfen alle Stähle nach dem Verfahren der elektrischen Abbrennstumpfschweißung bearbeitet werden. Ist die Belastung vorwiegend ruhend, so darf der ungeschweißte Querschnitt voll in Rechnung gestellt werden. Ist die Belastung nicht vorwiegend ruhend, so muß eine Abminderung auf 85 % erfolgen, der Unterschied zwischen der maximalen und der minimalen Stahlspannung darf höchstens 1oo N/mm^2 betragen. Wird die Schweißnaht nach dem Verfahren der elektrischen Lichtbogenschweißung - nur bei vorwiegend ruhender Belastung zulässig -, ausgeführt, so muß der Stab einen Mindest-Durchmesser von 14 mm haben. Der Stoß kann als Übergreifungsstoß ausgeführt werden. Dabei werden die beiden zu stoßenden Stäbe auf eine Länge von mindestens $15 \cdot d_s$ nebeneinander gelegt und durch zwei Schweißnähte von $5 \cdot d_s$ vom Stabende aus gemessen verbunden. Zwischen den beiden Nähten bleibt ein Stück von der Länge $5 \cdot d_s$ unverschweißt.
Eine andere Lösung stellt der Laschenstoß dar, bei dem zu beiden Seiten der zu verbindenden Stäbe Laschen angeschweißt

werden. Die Laschen müssen zusammen den gleichen Querschnitt wie die zu stoßenden Stäbe haben. Bestehen die Laschen nicht aus dem gleichen Material wie die Stäbe, ist der Querschnitt im Verhältnis der Streckgrenzen umzurechnen.

Bei Druckstößen gelten die gleichen Voraussetzungen wie bei den Zugstößen, außerdem ist bei Stabdurchmessern von 2o mm und mehr ein Stumpfstoß mit X-Naht zulässig.

Kontaktstöße nach Paragraph 18.6.7.

Bei Stützen, die an beiden Enden unverschieblich gelagert sind, darf die Bewehrung durch Kontaktstöße verlängert werden, wenn die nachstehenden Bedingungen eingehalten werden:

1. Der Stahl-Querschnitt darf nur auf Druck beansprucht werden.
2. Die lotrechten Stäbe mit mindestens 2o mm Durchmesser erhalten nur Druckkräfte.
3. Höchstens die Hälfte der Bewehrung einer Querschnittsseite wird gestoßen.
4. Es muß eine annähernd gleichmäßig über den Querschnitt verteilte Bewehrung von mindestens o,8 % des statisch erforderlichen Beton-Querschnittes durchgehen.
5. Die Stöße sind in den äußeren Vierteln der Stützenlänge vorzusehen.
6. Jeder Stab darf nur einmal zwischen den Enden der Stütze gestoßen werden.
7. Die Stähle müssen rechtwinklig zur Längsachse gesägt werden und entgratet sein.
8. Die zu stoßenden Stäbe sind durch eine feste Führung unverrückbar zueinander zu halten, dabei muß die Stoßfuge teilweise sichtbar sein.

2. Betonstahlmatten - Zugstoß nach Paragraph 18.6.4.3.

Geschweißte Betonstahl-Matten dürfen bei vorwiegend ruhender Belastung durch Übergreifen unter Anrechnen der Querstäbe gestoßen werden. Bei einlagiger Mattenbewehrung dürfen alle Stäbe in einem Querschnitt gestoßen werden wenn der Bewehrungsquerschnitt $a_s \leqq 12.o$ cm^2/m ist. Betonstahlmatten mit größeren Querschnitten dürfen nur gestoßen werden, wenn eine mehrlagige Bewehrung vorliegt, die zu stoßende Matte in der inneren Lage der Bewehrung verlegt werden soll, und der gestoßene Bewehrungsquerschnitt nicht mehr als 6o % des in diesem Querschnitt erforderlichen Stahl-Querschnittes beträgt. Außerdem sind die Stöße mindestens um eine Länge von $1.3 \cdot l_ü$ zu versetzen. Die Übergreifungslänge $l_ü$ wird nach dem Bild 19 bei gerippten oder glatten und profilierten Stäben bestimmt.
Eine zusätzliche Querbewehrung ist nicht erforderlich.

Stöße von Bewehrungsmatten sollten möglichst an Stellen vorgesehen werden, wo die Bewehrung nicht mehr als 8o % ausgenutzt wird. Läßt sich das nicht erreichen, so ist bei Matten mit $a_s \geqq 6.o$ cm^2/m - siehe Seite 113 - bei dem Nachweis der Rißsicherheit mit einer um 25 % vergrößerten Stahlspannung unter der Dauerlast zu rechnen.
Bei 'nicht vorwiegend ruhender Belastung' dürfen Matten nur bis $a_s = 6.o$ cm^2/m gestoßen werden.

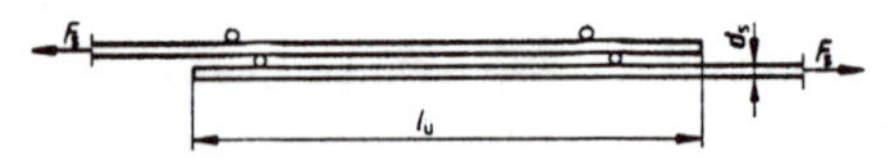

a) Gerippte Stäbe

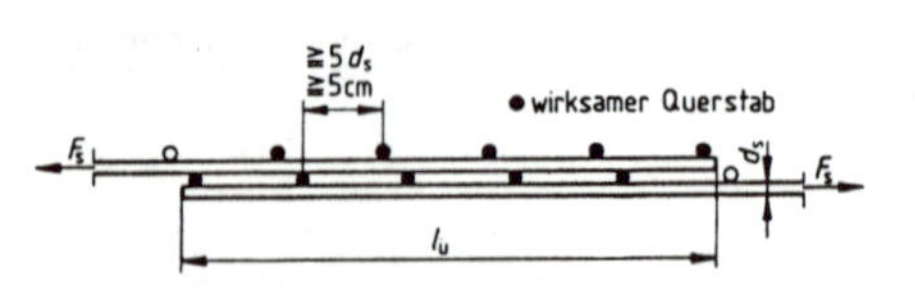

b) Glatte oder profilierte Stäbe (Beispiel mit fünf wirksamen Querstäben im Übergreifungsbereich)

Bild 19

Übergreifungsstoß geschweißter Betonstahlmatten aus glatten oder profilierten Stäben

1. Gerippte Stäbe

$$l_ü = \alpha_{üm} \cdot l_1$$

$$l_1 = 1.0 \cdot \frac{\text{erf } a_s}{\text{vorh } a_s} \cdot l_o \quad \begin{cases} \geqq 20 \text{ cm} & \\ \geqq 15\, d_s & \text{bei Einzelstäben} \\ \geqq \sqrt{2} \cdot 15\, d_s & \text{bei Doppelstäben} \end{cases}$$

Verbundbereich I

$$\alpha_{ümI} = 0.5 + \frac{a_s}{7} \quad \begin{matrix} \geqq 1.1 \\ \leqq 2.2 \end{matrix} \tag{25a}$$

Verbundbereich II

$$\alpha_{ümII} = 0.75 \cdot \alpha_{ümI} \geqq 1.0 \tag{25b}$$

a_s = Bewehrungsquerschnitt der zu stoßenden Matte in cm^2/m

2. Glatte und profilierte Stäbe

Zahl der wirksamen Querstäbe n je Matte, auf ganze Zahlen aufgerundet

$$n = 4 \cdot \frac{\text{erf } a_s}{\text{vorh } a_s} \tag{23}$$

$$l_ü = \alpha_{ümI} \cdot n$$

Die Verankerungslänge darf jedoch bei kleinen Abständen der Querstäbe nicht kleiner werden als sie sich für gerippte Stäbe ergeben würde.

Stöße dürfen nur bei 'vorwiegend ruhender' Belastung vorgesehen werden.

	1	2	3
	Stabdurchmesser der Querbewehrung d_s mm	Erforderliche Übergreifungslänge $l_ü$ und Anzahl wirksamer Stäbe [35]) im Stoßbereich	
		Betonstahlmatten aus gerippten Stäben	Betonstahlmatten aus glatten oder profilierten Stäben
1	≤ 6,5	≥ 15 cm und mindestens ein Stab	≥ 15 cm und mindestens zwei Stäbe
2	> 6,5 ≤ 8,5	≥ 25 cm und mindestens ein Stab	≥ 25 cm und mindestens zwei Stäbe
3	> 8,5 ≤ 12,0	≥ 35 cm und mindestens ein Stab	≥ 35 cm und mindestens zwei Stäbe

[35]) Siehe Abschnitt 18.6.4.3.

Tabelle 23

Erforderliche Übergreifungslänge $l_ü$ und Anzahl wirksamer Stäbe im Stoßbereich beim Stoß der Querbewehrung

4.2.5. Beschränkung der Rißbreite unter Gebrauchslast nach Paragraph 17.6.

Zum Vermeiden von Schäden an Stahlbeton-Bauwerken durch übermäßiges Rosten der Bewehrung muß die Breite der Risse in der als gerissen angenommenen Zugzone des Betons klein gehalten werden. Die Breite der Risse kann durch die Wahl dünner Bewehrungsstäbe und kleiner Stababstände günstig beeinflußt werden.

Der Nachweis der Größe der Risse wird für ein dauernd wirkendes Biegemoment geführt. Zur Vereinfachung wird dieses dauernd wirkende Biegemoment mit 7o o/o des maximalen Biegemomentes, mindestens aber mit dem Biegemoment infolge ständiger Last, angenommen.

Unter vorwiegend ruhenden Lasten ist ein Nachweis, abhängig von den Umweltbedingungen nach Tabelle 1o auf Seite 71

Zeile 1	Bauteile in geschlossenen Räumen	nicht erforderlich
Zeile 2	Bauteile im Freien	empfohlen
Zeile 3 und Zeile 4	Bauteile in Räumen mit oft auftretender hoher Luftfeuchtigkeit und Bauteile in korrosionsfördernder Umgebung	erforderlich

Ein Nachweis der Riß-Sicherheit ist in den folgenden Fällen nicht erforderlich oder gilt als nachgewiesen, wenn eine der folgenden Bedingungen eingehalten ist:

1. Biegebeanspruchte Vollplatten üblicher Hochbauten mit einer Dicke $d \leqq 16$ cm.
2. Plattenbalken üblicher Hochbauten mit der Platte im Zugbereich und Nullinie im Steg, wenn das Verhältnis $b_m/b_o > 3.o$ ist. - Vergl. Teil II, Abschnitt 4.5.2. -

3. Die Grenz-Durchmesser nach Tabelle 14 werden nicht überschritten.

1	Bauteile nach Tabelle 10, Zeile	1		2		3 und 4	
	zu erwartende Rißbreite	normal		gering		sehr gering	
		a	b	a	b	a	b
2	glatter Betonstahl BSt 22o/34o G U	28	28	28	25	28	18
3	Betonrippenstahl BSt 22o/34o R U	40	40	40	40	40	32
4	Betonrippenstahl BSt 42o/5oo R U, R K	28	16	20	12	14	8
5	glatter Betonstahl für Betonstahlmatten BSt 5oo/55o G K profilierter Betonstahl für Betonstahlmatten BSt 5oo/55o P K	12	8,5	10	5	6	4
6	Betonrippenstahl für Betonstahlmatten BSt 5oo / 55o R K	12	12	12	7,5	8,5	5
Es gelten die Werte der Spalten a für $\sigma_{sd} = 0{,}7 \cdot \beta_S/1{,}75$; b für $\sigma_{sd} = \beta_S / 1{,}75$							

Tabelle 14 Grenzdurchmesser in mm für Rißnachweis

4. Der statisch erforderliche Bewehrungsgrad 'μ_z' ist gleich oder kleiner als o.3 o/o. (Vergl. Mindestbewehrungsanteile auf Seite 74). Wird der gesamte Querschnitt auf Zug beansprucht, so gilt für jeden Bewehrungsstrang $\mu_z \leqq$ o.15 o/o.

Ein Nachweis der Rißsicherheit ist erforderlich bei

1. Zuggliedern
2. Bauteilen unter nicht vorwiegend ruhenden Lasten
3. Wesentlichen Zwangsbeanspruchungen, wenn verschiedene Sicherheitsbeiwerte gewählt wurden.
4. Verwendung von Betonstahlmatten mit glatten Stäben.

Der Nachweis der Rißsicherheit wird durch das Berechnen des größten, zulässigen Stahl-Durchmessers geführt. Die verschiedenen Einflüsse, die zu der Rißbildung führen, werden durch eine Näherungs-Formel ausreichend genug erfaßt.

$$d_s \ (\mathrm{mm}) = r \cdot 10^4 \cdot \frac{\mu_z}{\sigma_{sd}^2} \qquad (18)$$

In dieser Formel bedeuten

d_s größter zulässiger Stabdurchmesser in mm

r Beiwert zum Berücksichtigen der Verbundwirkung des Stahles

	1	2	3	4
1	zu erwartende Rißbreite	normal 0,3 mm	gering 0,2 mm	sehr gering 0,1 mm
	Bauteile nach Tabelle 10 Zeile	1	2	3 und 4
2	glatter Betonstahl	60	40	25
3	profilierter Betonstahl für Betonstahlmatten	80	60	35
4	Betonrippenstahl (als Einzelstab und für Betonstahlmatten)	120	80	50

Tabelle 15 Beiwerte ' r ' zur Berücksichtigung der Verbundeigenschaften

μ_z Bewehrungsverhältnis in o/o $100\, A_s / (b_o \cdot h \cdot (1 - k_x))$ bei Rechteck-Querschnitten

σ_{sd} Stahlzugspannung in N/mm^2 unter dem dauernd wirkenden Lastanteil nach Gleichung (6)

M_{sd} ist das auf die Zugbewehrung bezogene dauernd wirkende Biegemoment - vergl. Teil 2, Abschnitt 7 -. Sofern nur Biegemomente auftreten ist $M_{sd} = M_d$.

$$\sigma_{sd} \left(\frac{N}{mm^2}\right) = \frac{1}{A_s\ (cm^2)} \cdot \left[\frac{10^3 \cdot M_{sd}\ (kNm)}{k_z \cdot h\ (cm)} + N\ (KN)\right] \qquad (6)$$

Bei dem Ermitteln von σ_{sd} sind auch wesentliche Zwangsbeanspruchungen zu berücksichtigen.

Bei Bauteilen, die auf Biegung mit Achszug so beansprucht werden, daß über den gesamten Querschnitt Zugspannungen auftreten, ist für jeden Bewehrungsstrang der größte zulässige Durchmesser getrennt zu berechnen. Die Bewehrungsanteile μ_z sind dabei auf den gesamten Beton-Querschnitt zu beziehen.

Wird ein Stahlbeton-Querschnitt für Biegung mit Längskraft bemessen, ist der nach Formel (18) ermittelte Durchmesser noch mit einem Faktor zu multiplizieren.

$$\frac{A_{sM} + A_{sN}}{A_{sM}}$$

In dieser Formel bedeuten

A_{sM} Stahlanteil der Bewehrung infolge des Biegemomentes

A_{sN} Stahlanteil der Bewehrung infolge der Längskraft-Zugkräfte ' + ' und Druckkräfte ' - '.

Für μ_z und σ_s bzw. σ_{sd} läßt sich eine mathematische Abhängigkeit von k_h nachweisen. Daraus folgt die Möglichkeit, den zulässigen Durchmesser d_s in Abhängigkeit von dem Rißbeiwert r und von k_h in einer Tabelle darzustellen.

Die Tabellen 29 und 30 auf den Seiten 234 bis 237 enthalten die zulässigen Durchmesser d_s nach der Formel (18) für $\sigma_{sd} = 0.7 \cdot \text{zul}\,\sigma_s$ bzw. für

$$M_{sd} = 0.7 \cdot \max M$$

Für den Fall von statisch bestimmt gelagerten Konstruktionen, bei denen $M_{sd} > 0.7 \cdot \max M_s$ ist, kann wie folgt extrapoliert werden:

$$d_s = d_{sT} \cdot 0.49 \cdot \left(\frac{\max M_s}{M_{sd}} \right)^2$$

Bei gleichmäßig verteilter Belastung kann man auch schreiben, wenn

$$\frac{g}{q} > 0.7$$

$$d_s = d_{sT} \cdot 0.49 \cdot \left(\frac{q}{g} \right)^2$$

d_{sT} ist den Tabellen 29 und 30 zu entnehmen, Seite 234 u.f.

$d_{sT} = d_s$ nach der Formel (18)

Ist der so berechnete Stabdurchmesser kleiner als die handelsüblichen oder konstruktiv erwünschten, so kann der Durchmesser durch Vergrößern des Stahl-Querschnittes auch vergrößert werden. Durch Einsetzen der Ausgangswerte für μ_z und σ_{sd} in die Formel (18) und anschließendes Umstellen erhält man den folgenden Ansatz

$$\text{gew}\,A_s = A_s \cdot \sqrt[3]{\frac{\text{gew}\,d_s}{d_s}} \geq A_s$$

4.3. Einachsig gespannte Platten

4.3.1. Allgemeine Bedingungen und konstruktive Ausbildung

4.3.1.1. Auflager nach Paragraph 2o.1.2.

Die Auflagertiefe ' t ' ist so groß zu wählen, daß die zulässigen Kantenpressungen (vergl. Seite 85) auch unter Berücksichtigung der bereits vorhandenen Spannungen aus anderen Belastungen nicht überschritten werden. Außerdem müssen die erforderlichen Verankerungslängen der Bewehrung untergebracht werden. (Vergl. Seite 98). Die Mindest-Auflagertiefen (vergl. Seite 84) sind zu beachten.

4.3.1.2. Plattendicke nach Paragraph 2o.1.3.

Unbeschadet der Plattendicke, die durch die Mindest-Nutzhöhe nach Seite 87 oder durch die zulässigen Dehnungen und Stauchungen der Baustoffe nach Seite 66 und 67 oder durch die erforderlichen Betonüberdeckungen der Bewehrung nach Seite 7o bedingt ist, muß die Plattendicke mindestens sein:

1. im allgemeinen — 7 cm
2. bei befahrbaren Platten
   für Personenkraftwagen — 1o cm
   für schwere Fahrzeuge — 12 cm
3. bei Platten, die nur ausnahmsweise begangen werden, z.B. bei Ausbesserungs- oder Reinigungsarbeiten wie Dachplatten — 5 cm

4.3.1.3. Schnittgrößen nach Paragraph 17.2.1.

Die Schnittgrößen - Biegemomente und Normalkräfte - werden nach den anerkannten Regeln der Elastizitätstheorie für den ungerissenen Stahlbetonquerschnitt entsprechend den Randbedingungen ermittelt. Bei Bauteilen mit Nutzhöhen, die kleiner als 1o cm sind, müssen die Schnittgrößen für das Bemessen der Biegemomente und der Normalkräfte vergrößert werden.

Der Faktor ist

$$\frac{15}{h + 5}$$

4.3.1.4. Schubspannungen nach Paragraph 17.5.

Der Rechenwert für die Schubspannung 'τ_o' darf die in der Tabelle 13 angegebenen Werte nicht überschreiten, wobei der Einfluß der Plattendicke auf die zulässige Schubspannungen bei Plattendicken über 3o cm noch durch einen Faktor 'k_1' oder 'k_2' berücksichtigt werden muß. Die Plattendicke wählt man zweckmäßigerweise so groß, daß ein Nachweis der Schubdeckung nicht erforderlich wird.

$$\tau_o \; (N/mm^2) = \frac{0.10 \cdot q_A \; (kN/m)}{k_z \cdot h \; (cm)}$$

Im allgemeinen ist bei Platten mit der Dicke ' d ' der Faktor wie folgt anzusetzen:

$$1 \geqq k_1 = \frac{0.20}{d \; (m)} + 0.33 \geqq 0.50 \qquad (14)$$

Bei Platten mit einer ständig vorhandenen, gleichmäßig verteilten Vollbelastung ohne wesentlich Einzellasten, z.B. bei Erd- oder Wasserdruck, gilt

$$1 \geqq k_2 = \frac{0.12}{d \; (m)} + 0.60 \geqq 0.70 \qquad (15)$$

$$\text{zul } \tau_o = k \cdot \tau_{o11}$$

		4	5	6	7	8
Schub-spannung	Grenzen der Schubspannung $_o$ für Festigkeitsklassen des Betons B	15	25	35	45	55
τ_{o11}	a	o.25	o.35	o.4o	o.5o	o.55
	b	o.35	o.5o	o.6o	o.7o	o.8o

Tabelle 13 - Auszug Grenzen der Rechenwerte der Schubspannungen τ_o (N/mm^2) unter Gebrauchslast für Platten ohne Nachweis der Schubdeckung

Die Schubspannungen der Zeile ' a ' gelten nach Paragraph 2o.1.6.2. für eine abgestufte Bewehrung, das heißt, die Bewehrung ist gestaffelt und endet teilweise in der Zugzone oder die Bewehrungsstäbe werden teilweise nach der Z_s - Linie aufgebogen, wobei mindestens die Hälfte der maximalen Feldbewehrung über das Auflager geführt wird. Ein Nachweis der Aufnahme der Schubspannungen braucht nicht geführt werden. Die Werte der Zeile ' b ' dürfen ausgenutzt werden, wenn die Bewehrung in der ganzen Größe, also auch die aufgebogenen Stäbe, von Auflager zu Auflager reicht. Bei negativen Momenten über den Auflagern muß sich die Bewehrung über den vollen Bereich der negativen Momente ohne Abstufung erstrecken.

4.3.1.5. Zugkraft-Deckungslinie nach Paragraph 18.5.2.1.

Werden die Bewehrungsstäbe einer Platte nicht aufgebogen und enden in der Zugzone entsprechend Bild 23 auf Seite 96 im Feld (gestaffelte Bewehrung), so gibt es bei Rundstäben bis 14 mm einschließlich noch eine Erleichterung.

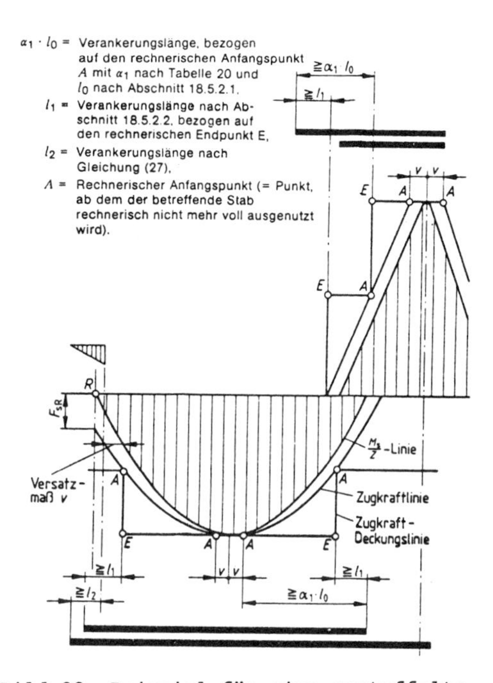

Bild 22 Beispiel für eine gestaffelte Bewehrung für Platten mit Bewehrungsstäben $d_s < 16$ mm bei reiner Biegung

In einfachen Fällen darf die Zugkraft-Deckung geschätzt werden, bei gestaffelter Bewehrung ist sie mindestens genähert nachzuweisen.

Die Verankerungslänge ist bei Stäben mit einem Durchmesser $d_s \leqq 14.$ mm unter der Annahme gleicher Beanspruchung in allen Stäben zu ermitteln. Geht man von der Voraussetzung aus, daß an der Stelle E nur noch die Hälfte des maximalen Stahl-Querschnittes in Feld-Mitte benötigt wird, so ist die Verankerungslänge der Formel (22) mit mindestens $\alpha_1 \cdot l_o/2$ anzusetzen. Es muß aber von dem rechnerischen Anfangspunkt A aus gemessen eine Mindest-Verankerungslänge von $\alpha_1 \cdot l_o$ vorhanden sein. Haben die Stäbe einen größeren Durchmesser als 14 mm, so muß die Verankerungslänge mit $\alpha_1 \cdot l_o$ ausgeführt werden.

4.3.1.6. Hauptbewehrung aus Rundstahl nach Paragraph 2o.1.6.

Die Bewehrung soll möglichst einfache und wenige Einzelformen aufweisen. Mindestens 1/3 der maximalen Feld-Bewehrung muß nach Paragraph 18.7.4. bei frei drehbaren oder schwach eingespannten Endauflagern, bei Innenauflagern nach Paragraph 18.7.5. mindestens 1/4 der Feldbewehrung unten über die Auflagerlinie bzw. die Vorderkante des Auflagers hinaus geführt werden. Nach Paragraph 2o.1.6.2. ist aber bei einem Verzicht auf den Nachweis der Aufnahme der Schubspannungen bei abgestufter - gestaffelter - Bewehrung mindestens die Hälfte der maximalen Feldbewehrung unten über das Auflager zu führen. Zum Abdecken von nicht nachgewiesenen Einspannmomenten am Auflager infolge von Auflasten oder biegesteifer Verbindung ohne Nachweis der Aufnahme von Torsionsspannungen soll etwa 1/3 der Feldbewehrung aufgebogen bzw. an der Oberseite der Platte verlegt werden.

Aus allem ergibt sich eine zweckmäßige Lösung, wenn man jeden zweiten Stab an einem Auflager aufbiegt. Bei einer Einfeldplatte mit gleichmäßig verteilter Belastung ergibt das nur eine Biege-Position des Stahles. Damit kann die Hälfte der Bewehrung über das Auflager geführt werden, und die andere Hälfte dient zur Aufnahme der nicht nachgewiesenen Einspann-Momente.

Nach Möglichkeit soll ein Bewehrungsstab nur eine Aufbiegung oder Abbiegung erhalten, da sich der Stab bei dem Biegen in der Biegemaschine leicht verdreht, und dann die Auf- und Abbiegungen nicht mehr in einer Ebene liegen. Das Verlegen und Flechten wird dadurch erschwert. Ideal ist eine Bewehrung, die sich ohne Nacharbeiten so verlegen läßt, daß Ungenauigkeiten beim Biegen der Bewehrung oder kleine Änderungen in den Längsabmessungen der Schalung von 5 cm länger oder kürzer ausgeglichen werden können. An den Knickpunkten der Bewehrungsstäbe müssen Querstäbe verlegt und festgerödelt werden. Zusammen mit den Abstandshaltern sorgen sie dafür, daß die Bewehrung beim Betonieren in der vom Statiker vorgesehenen Lage im Stahlbeton-Tragwerk bleibt, auch wenn ein Arbeiter verbotenerweise einmal auf die Bewehrung tritt.

Der Abstand der Bewehrungsstäbe darf im Bereich der größten Biegemomente nicht größer sein als

$$s_1 \text{ (cm)} = 15 + \frac{d \text{ (cm)}}{10} \qquad (36)$$

4.3.1.7. Querbewehrung nach Paragraph 2o.1.6.3.

Einachsig gespannte Platten müssen zum Verteilen von nicht nachgewiesenen größeren Belastungen eines Plattenstreifens gegenüber den weniger belasteten Nachbarstreifen - ohne Überschreiten der rechnerischen Belastungen - eine Querbewehrung erhalten. Die Querbewehrung muß mindestens 2o o/o der im Feld vorhandenen (erforderlichen) Bewehrung je Meter Plattenlänge betragen. Über den Zwischen-Auflagern durchlaufender Platten ist eine geeignete, ausreichende, konstruktive Querbewehrung vorzusehen. Für die Querbewehrung ist mindestens vorzusehen:

$$a_{sq} \geq \begin{array}{l} \text{BSt } 220/340 \; \phi \; 7/33.3 = 1.15 \text{ cm}^2/\text{m} \\ \text{BSt } 420/500 \; \phi \; 6/33.3 = 0.85 \text{ cm}^2/\text{m} \end{array}$$

Stehen die genannten Durchmesser nicht zur Verfügung, so können dünnere Stäbe mit einem engeren Abstand verlegt werden, z.B. BSt 22o/34o ∅ 6/24.5. Der Abstand von 33.3 cm darf nicht überschritten werden.

Werden für die Querbewehrung Stähle anderer Güte als für die Hauptbewehrung verwendet, so ist der Stahl-Querschnitt im umgekehrten Verhältnis der Streckgrenzen zu verändern.

Hauptbewehrung	BSt 22o/34o	Faktor $\frac{22o}{42o} = o.523$
Querbewehrung	BSt 42o/5oo	
Hauptbewehrung	BSt 42o/5oo	Faktor $\frac{42o}{22o} = 1.91$
Querbewehrung	BSt 22o/34o	

4.3.1.8. Versatzmaß ' v ' nach Paragraph 18.7.2.

Das Versatzmaß ' v ' beträgt bei Platten ohne Schubbewehrung

$$v = 1.o \cdot h$$

4.3.1.9. Bewehrung mit Betonstahl-Matten

Erforderliche Abmessungen von Betonstahl-Listen-Matten

Die zulässigen Abmessungen von Betonstahl-Matten ergeben sich aus den Liefer- und Herstellungsbedingungen, wie sie auf Seite 26 angegeben sind. Die Abmessungen für das einzelne Bauvorhaben sind unter Beachten dieser Regeln zu bestimmen. Meistens werden die Matten nur in einer Richtung gestoßen, die andere wird entsprechend den Abmessungen des Bauwerkes groß genug gewählt.

Länge der Matte

$$L \leqq t_n - c_s + l_w + t_{n+1} - c_s$$

$$L \geqq l_{1,i} + l_w + l_{1,i+1}$$

$$L = ü_{1,i} + m \cdot s_q + ü_{1,i+1}$$

Es bedeuten in diesen Ansätzen:

L	Länge der Matte
l_1	Verankerungslängen nach Seite 93
c_s	Betonüberdeckung nach Seite 7o
l_w	lichte Weite nach Seite 85
$i, i+1$	Auflager-Nummer
$ü_l$	Überstand der Längsstäbe
m	Zahl der Maschen einer Matte in Längsrichtung
s_q	Abstand der Querstäbe

Breite der Matten Verlegen von ganzen Matten

$$b_1 = \frac{B + (n - 1) \cdot l_ü}{n} \leqq \text{zul } b$$

Verlegen von einer 'halben' Matte am Anfang der Platte

$$b_1 \approx \frac{B + n \cdot l_ü}{(n + o.44)} \leqq \text{zul } b$$

Es bedeuten in diesen Ansätzen:

b_1	erforderliche Mattenbreite
b	zulässige Mattenbreite
B	abzudeckende Plattenbreite
n	Anzahl der ganzen Matten
$l_ü$	Stoßüberdeckung der Matten
o.44	ungefährer Anteil der 'halben' Matte oder genauen Wert ansetzen

Nach Paragraph 2o.1.6.2. ist eine obere Randbewehrung an einem gelenkig gelagerten Auflager von etwa 1/3 des Querschnittes der Feldbewehrung vorzusehen. Diese Bewehrung soll etwa auf eine Länge von $o.1 \cdot l_o + v + 1o\, d_s$, gemessen von der Auflagerlinie R aus, in das Feld hineinreichen. l_o ist die Entfernung der Momenten-Nullpunkte, bei einer Einfeldplatte gleich der Stützweite l.

Querbewehrung nach Paragraph 2o.1.6.3.

Die Querbewehrung kann bei Betonstahlmatten unter Beachten der Mindest-Querschnittsflächen von 2o o/o der Hauptbewehrung aus einem kleinsten Durchmesser von 4.o mm im Abstand von 25 cm bestehen.

4.3.1.1o. Freie, ungestützte Ränder von Platten nach Paragraph 18.9.1.

Freie Ränder von Platten sind konstruktiv durch Steck-Bügel einzufassen, deren Querschnitt soll mindestens sein:

Plattendicke	Betonstahl	Querschnitt
$\leqq$ 3o cm	BSt 22o/34o	2.5o cm^2/m
	BSt 42o/5oo	1.25 cm^2/m
	BSt 5oo/55o	1.25 cm^2/m
$\geqq$ 8o cm	BSt 22o/34o	7.oo cm^2/m
	BSt 42o/5oo	3.5o cm^2/m
	BSt 5oo/55o	3.5o cm^2/m
Zwischenwerte dürfen interpoliert werden		

Tafel 22 Mindest-Querschnitte der Steckbügel

Die Länge der Bügelschenkel soll etwa das Doppelte der Plattendicke (2 · d) betragen, mindestens aber l_o - nach Seite 92.

4.3.2. Aufbau einer statischen Berechnung - Bewehrungszeichnungen

4.3.2.1. Statische Berechnung

Die Festigkeitsberechnung muß die Standfestigkeit aller tragenden Teile übersichtlich und leicht prüfbar nachweisen. Die Art und Auflagerung der Tragteile, ihre Belastungen und Querschnitte sind in der Berechnung durch Skizzen zu erläutern. Im Anfang der Berechnung sind Angaben über die verwendeten Baustoffe und ihre Zusammensetzung zu machen. Die Berechnung ist durch eine Beschreibung des Bauwerkes zu ergänzen. Die Statische Berechnung ist von dem Aufsteller zu unterschreiben. Die verwendeten Formeln und Ahsätze sind, soweit sie nicht allgemein bekannt sind, soweit abzuleiten, daß ihre Richtigkeit überprüft werden kann, oder die allgemein zugängliche Quelle ist anzugeben. Dazu ist ein Verzeichnis der verwendeten Vorschriften und der Literatur unter Angabe des Titels, des Verfassers, des Verlages, der Auflage und des Erscheinungsortes und Jahres zu Beginn der Berechnung aufzustellen, damit die beschriebenen Unterlagen leicht zu beschaffen sind.

Die Statische Berechnung muß so aufgestellt werden, daß jede Zahl nachprüfbar ist. Das bedeutet, daß zu Beginn einer Berechnung bei Annahmen, z.B. bei der Wahl von Querschnitts-Abmessungen, steht 'gesch.', damit der Prüfer weiß, daß dieser Wert vorher nicht berechnet wurde. Dieser geschätzte Wert ist in der folgenden Berechnung zu begründen, allzugroße Abweichungen sind nicht zulässig. Wird der geschätzte Wert geändert oder ist ein Wert aufgrund einer Berechnung zu wählen, heißt es 'gew.'. Wurden Werte schon vorher in der Berechnung ermittelt, sollte man bei großen und umfangreichen Berechnungen angeben, wo dieser Wert bereits ermittelt wurde. Ferner sind in der Berechnung die berechneten Werte wie Spannungen und Querschnitte den zulässigen oder gewählten gegenüberzustellen.

Zur Übersichtlichkeit einer größeren Statischen Berechnung empfiehlt es sich, einen 'Positions-Plan' etwa im Maßstab 1 : 1oo zu zeichnen. Im einzelnen werden die statischen Positionen in der Reihenfolge, wie sie berechnet werden und ihre Lasten weitergeben, durchnummeriert. Der Positions-Plan stellt gewissermaßen eine zeichnerische Inhaltsangabe dar. In diesem Plan sollten auch die Hauptabmessungen, die der Berechnung zu grunde liegen, enhalten sein.

Als Kennzeichnung der Art der Auflagerung von Platten hat es sich eingebürgert, folgende Darstellungen zu verwenden:

freier Rand	- - - - - - - - - - -
gelenkig - drehbares Auflager	――――――――
starr eingespanntes Auflager	════════

Zur besseren Übersichtlichkeit der Berechnung ist es unbedingt notwendig, bei der Verwendung von Formeln, die Zahlen so einzusetzen, wie sie in der Formel stehen. Es vereinfacht auch die Übersichtlichkeit, wenn - abweichend von sonstigen Gepflogenheiten - Längenmaße auf die cm-Stelle genau und Last-Angaben auf die N-Stelle genau angegeben werden.
Eine Verwechselung bei Änderungen ist dann untereinander oder mit Festwerten der Formel nicht so leicht möglich.

$$m = \frac{q \cdot l^2}{8} = \frac{8.000\ (kN/m^2) \cdot 8.00^2\ (m)^2}{8} = 64.000\ (kNm/m)$$

4.3.2.2. Bewehrungszeichnungen, Schalungszeichnungen, Verlegepläne nach Paragraph 3.2.

Bei Bauwerken, die ganz oder zum Teil aus Stahlbeton hergestellt werden, müssen die zur Baugenehmigung vorzulegenden Zeichnungen das Bauwerk im ganzen und seine Teile in Grundrissen und Schnitten deutlich darstellen. Die Zeichnungen müssen alle erforderlichen Maße und auch die Positionsnummern, nach denen die Festigkeitsberechnung eingeteilt ist, enthalten. Für die wichtigen Tragteile sind die Bewehrungszeichnungen mit den herausgezeichneten Stahleinlagen vorzulegen. Auf jeder Schalungs- und Bewehrungszeichnung sind deutlich lesbar anzugeben:

1. Festigkeitsklasse des Betons eventuell besondere Eigenschaften nach Paragraph 6.5.7.
2. Stahlsorten nach Paragraph 6.6.
3. Zahl, Durchmesser, Form und Lage der Bewehrungsstäbe, Abstände
4. Übergreifungslängen, Verankerungslängen, Rüttellücken nach Paragraph 18.5. und 18.6.
5. Betondeckung der Bewehrung nach Paragraph 13.2.
6. Mindestdurchmesser der Biegerollen nach Paragraph 18.3.1.

Bei der Verwendung von Fertigteilen ist ferner anzugeben:

7. Auf der Baustelle zusätzlich zu verlegende Bewehrung
8. Erforderliche Druckfestigkeit des Betons zum Zeitpunkt des Transportes bzw. des Einbaues
9. Gewichte der einzelnen Fertigteile
1o. zulässige Maßtoleranzen
11. Aufhängungen für den Transport und die Lagerung

Für schwierig einzuschalende Beton-Bauteile ist es erforderlich, besondere Schalungszeichnungen aufzustellen. Das empfiehlt sich schon bei dem Verwenden von großflächigen Schalttafeln. Die gleichen Grundsätze gelten auch für das Verlegen von Fertigteilen.

Als Maßstäbe der Zeichnungen haben sich folgende Maßstäbe als zweckmäßig erwiesen:

1 : 1	1 : 2	1 : 2.5	1 : 5
1 : 1o	1 : 2o	1 : 25	1 : 5o
1 : 1oo	1 : 2oo	1 : 25o	1 : 5oo

4.3.3. Regeln für einachsig gespannte Platten
- Zusammenstellung -

Allgemeine Angaben

1. Baustoffe
2. Beton - Überdeckungen
3. Nutzlasten

Abmessungen der Platte

1. $l = l_w + 2 / 3 \cdot t$ bei Einfeld-Platten
   $l = l_w + b_{oBalken}$ bei Durchlaufenden Platten
2. $t \approx d$ Annahme
3. $l_i = \alpha \cdot l$ Ersatzstützweite
4. $h \geq l_i / 35$ allgemein Seite 87
   $h \geq 2 / 3 \cdot l_i^2$ h (cm), l_i (m)
5. d_{sl} schätzen Einzelstäbe bis ⌀ 14
   Matten bis ⌀ 12
6. C_s festlegen r wählen Seiten 7o,224
7. $d = h + d_{sl} / 2 + C_s$ h ist so zu vergrößern, daß d einen vollen cm-Wert ergibt.

Ermittlung der Schnittgrößen

1. Lastermittlung
2. Momentenermittlung
   überschlägliche Werte für gleichmäßig verteilte Belastung
   Einfeldplatte $m = q \cdot l^2 / 8$

Durchlaufende Platten

Endfeld $m \approx g \cdot l^2 / 12.5 + p \cdot l^2 / 10.0$

Balkenbreite b_o 1/2o - 1/1o der Plattenstützweite
je nach Nutzlast und Stützweite

Stützen-Randmoment $m_R \approx - q \cdot l^2 / 11$

Mindestmomente

Endfeld	$m = q \cdot l^2 / 14.2$	nach Seite 145
	$X_1 = 0.25 \cdot l$	
Stützen-Randmoment	$m = - q \cdot l_w^2 / 10$	nach Seite 147
	$X_1 = 0.10 \cdot l_w + t/2$	bezogen auf die Mitte des Auflagers
Innenfeld	$m = q \cdot l^2 / 24$	nach Seite 146
	$X_1 = 0.21 \cdot l$	
Stützen-Randmoment	$m = - q \cdot l_w^2 / 12$	nach Seite 148
	$X_1 = 0.21 \cdot l_w + t/2$	bezogen auf die Mitte des Auflagers

3. Querkräfte und Auflagerkräfte

   Überschlägliche Werte für gleichmäßig verteilte Belastung
   erste Innenstütze $q_r \approx g \cdot l / 1.64 + p \cdot l / 1.61$

4. Korrektur der Schnittkräfte - Biegemomente wenn
   $h < 10$ cm Faktor $15/(h + 5)$ nach Seite 119

   Minimale Feldmomente und maximale Stützmomente
   Faktor für die Nutzlast in den Nachbarfeldern bei biegesteif angeschlossener Unterstützung o.5 nach Seite 145

Spannungs- und Dehnungsnachweis

1. $k_h = h/\sqrt{m}$ Seite 79
2. k_x)
3. k_z) nach Tafel 25 auf Seite 225
4. k_s)
5. σ_A (N/mm^2) = o.2o $\cdot$ q_A (kN/m) / t (cm) Seite 85
6. τ_{oA} (N/mm^2) = o.1o $\cdot$ q_A (kN/m) /(k_z $\cdot$ h (cm)) Seite 119

7. $k_1 = (2o/d(m) + o.33) \cdot \geqq o.5$
   $\leqq 1.o$

   $k_2 = (12/d(m) + o.6o) \cdot \geqq o.7$
   $\leqq 1.o$

   zul $\tau_o = k \cdot \tau_{o11}$ nach Seite 12o

Erforderliche Bewehrung

1. a_{sl} $(cm^2/m) = k_s \cdot m$ (kNm/m) / h (cm) nach Seite 78

2. $m_d \leqq o.7o \cdot \max m$ nach Seite 117
   $\geqq m_g$

3. d_{sT} (mm) nach Tabelle 29 und 30 auf Seite 234 bis 237
   wenn $g > o.7 \cdot q$ dann $d_s = d_{sT} \cdot o.49 \cdot (q/g)^2$
   nach Seite 117

   gew $a_{sl} \geqq a_{sl} \cdot \sqrt[3]{\frac{\text{gew } d_s}{d_s}} \geqq a_{sl}$ nach Seite 117

4. s_l (cm) $\leqq 15 + d$ (cm) / 1o nach Seite 74

5. s_l (cm) $\geqq o.2 \cdot d_{sl}$ (mm) nach Seite 74
   $\geqq 2.o + d_{sl}$ / 1o

6. wenn $k_h > 5.4$ nach Seite 74

   μ (o/o) = gew a_{sl} (cm^2/m) / h (cm) $\geqq$ o.25 % bei BSt 22o/34o
   o.15 % bei BSt 42o/5oo und BSt 5oo/55o

7. $a_{sq} = a_{sl} / 5$ mindestens aber:
   BSt 22o/34o : ø 6/25.o
   BSt 42o/5oo : ø 6/33.3
   BSt 5oo/55o : ø 4/25.o

8. $s_q \leqq$ 33.3 cm — bei einachsig gespannten Platten nach Seite 123

$\leqq$ 2 d — Empfehlung

Auflager-Verankerung der Bewehrung

1. Versatzmaß v = 1.o · h — nach Seite 124

2. $f_{sR} = 1.5 \cdot q_A$ — Zugkraft am Endauflager A

3. erforderlicher Stahlquerschnitt

$$a_{sA}\ (cm^2/m) = \frac{1o \cdot f_{sR}\ (kN/m)}{\sigma_s\ (N/mm^2)}$$ nach Seite 98

4. Verankerungslängen

$$l_1 = \alpha_1 \cdot l_o + \frac{\text{erf } a_{sA}}{\text{vorh } a_{sA}} \geqq \begin{matrix} 1o\ d_s \\ d_{br/2} + d_s \end{matrix}$$ nach Seite 93

Direktes Auflager $l_2 \geqq 2/3 \cdot l_1$ nach Seite 99

Indirektes Auflager $l_3 \geqq l_1$ nach Seite 1oo

Zwischen-Auflager $l_4 \geqq 6\ d_s$ nach Seite 1oo

Die Bewehrung muß in allen Fällen über die Auflagerlinie hinausreichen.

4.3.4. Einfeld-Platten

4.3.4.1. Statische Berechnung für eine Einfeld-Platte mit Bewehrungszeichnung für Rundstahl

S t a t i s c h e   B e r e c h n u n g

für eine

E i n f e l d - P l a t t e

Baubeschreibung

Der Wasserverband Mittel-Fluß in C-Stadt, Silostraße, beabsichtigt, in Kurzlingen, Landkreis ....., einen Bauhof für die Unterhaltung des Mittel-Flusses zu erstellen. Im Zusammenhange mit dieser Baumaßnahme ist eine Decke für mittleren Werkstattbetrieb (vorgesehene spätere Erweiterung) über einer offenen Durchfahrt zu bauen.

Nach DIN 1o55, Blatt 3, Absatz 6.1.6. wird eine Nutzlast von $p = 7.5oo\ kN/m^2$ gewählt. Die Durchfahrt hat eine lichte Weite von lw = 5.o1 m. Die Außenwand des einen Auflagers besteht aus Vormauerziegeln VMz 2o in Mörtel der Gruppe II vermauert. Die Wand ist 37.5 cm dick. Das andere Auflager besteht aus einem 3o cm breiten Stahlbetonbalken, der zusammen mit der Platte betoniert wird. Für die Ausführung der Stahlbetonbauteile ist ein Beton I B 15 mit der Konsistenz K 2 und eine Bewehrung aus BSt 42o/5oo K R vorgesehen.

Die Beton-Überdeckung der Bewehrung ist bei Bauteilen mit oft auftretender hoher Luftfeuchte (unmittelbare Nähe des Flusses) nach Tabelle 1o der DIN 1o45 bei Flächentragwerken mit mindestens 2.5 cm anzusetzen (r = 5o . Zeile 3).

Als Fußboden hat der Bauherr Asphaltplatten auf einem Estrich vorgesehen.

Positionsplan

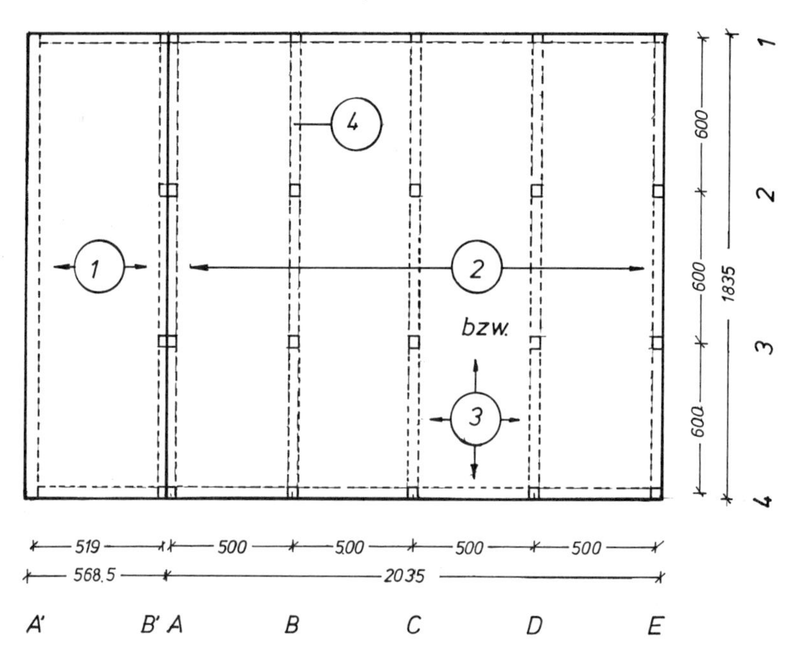

Vorschriften - in den zur Zeit gültigen Fassungen

1. Lastannahmen für Bauten	DIN 1o55, Blatt 1 und 3
2. Beton- und Stahlbetonbau Bemessung und Auführung	DIN 1o45
3. Bemessung im Beton- und Stahlbetonbau	Heft 22o/ Heft 24o
4. Holzbauwerke, Berechnung und Ausführung	DIN 1o52

Literatur

Beton-Kalender 19.. , ... Auflage
Verlag Wilhelm Ernst und Sohn
Berlin, München, Düsseldorf
Erscheinungsjahr 19..

Baustoffe

Beton	Beton I - B 15
Korntrennung	O - 4 - 16 mm
Zement	P Z 35
Zement-Gehalt	3oo kg / m^3
Wasser-Zement-Wert	höchstens o,75
Konsistenz	K 2
Zusätze	Luftporenverflüssiger
Stahl	BSt 42o / 5oo R K
Beton-Überdeckung	mindestens 2.5 cm

Stützweite

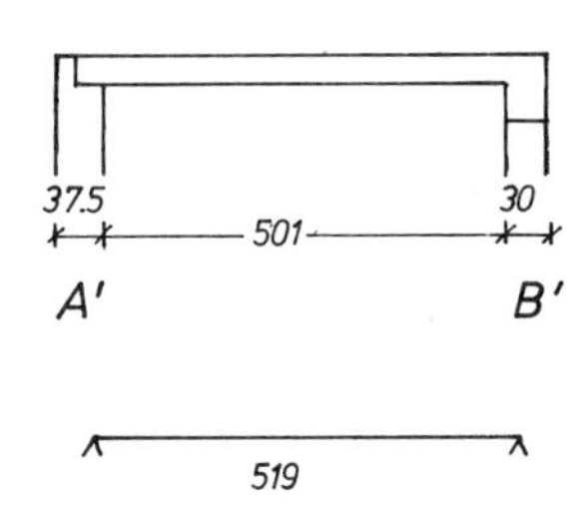

Aus der vom Bauherrn überlassenen Zeichnung ergibt sich eine lichte Weite von l_w = 5o1 cm. Das eine Auflager besteht aus einer 37.5 cm dicken Wand aus Mz 2o mit einer halbstein dicken Verblendung aus VMz 2o im Mörtel der Gruppe II

t = 37.5 - 11.5 - 2.o = 24.o cm

Das andere Auflager besteht aus einem 3o cm breiten Stahlbetonbalken (5o1/17 ≈ 3o)

l = 24 / 3 + 5o1 + 3o / 3 = 519 cm

h ≧ 1.o · 519 / 35 = 14.9 cm

gesch d_{sl} = ∅ 16

d = 14.9 + 16 / 2o + 2.5 = 18.2 cm

gew d = 2o cm

Deckendicke

Lastermittlung

Eigengewicht

2.o cm Asphalt-Platten (7.1o.2.2)	
2.o · o.22	o.44o kN/m²
2.o cm Zement-Mörtel (7.4.2.5)	
2.o · o.21	o.42o "
2o cm Stahlbeton-Platte (7.4.1.5)	
2o · 25/1oo	5.ooo "
2.o cm Kalkzement-Putz (7.8.8)	o.4oo
g =	6.26o kN/m²

2 cm Asphalt
2 cm Mörtel
2o cm Stahlbeton
2 cm Kalkzement

Nutzlast

Werkstätten mit mittlerem Betrieb (6.1.6)	p = 7.5oo kN/m²
	q = 13.76o kN/m²

Momentenermittlung - Auflagerkräfte

$\max m_{AB} = (6.26o + 7.5oo) \cdot 5.19^2/8$
$= 46.33o$ kNm/m

$\max q_A = (6.26o + 7.5oo) \cdot 5.19/2$
$= 35.7o7$ kNm/m

$\min m_{AB} = 6.26o \cdot 5.19^2/8$
$= 21.o77$ kNm/m

$\min q_A = 6.26o \cdot 5.19/2$
$= 16.245$ kNm/m

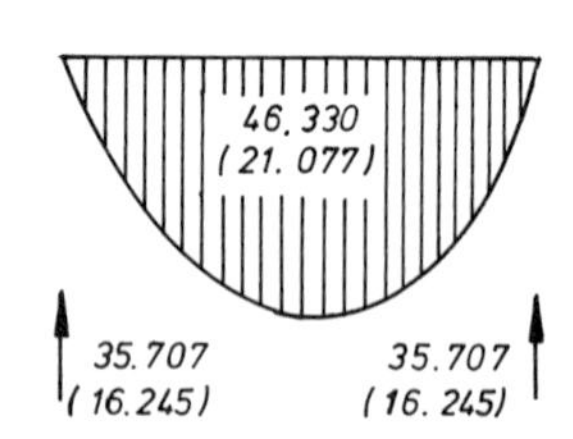

Baustoffe: B 15 BSt 42o/5oo R

gew d = 2o cm gesch $d_{sl} = \phi$ 16

erf C_s = 2.5 cm nach Tafel 24 Seite 224

$h = 2o.o - 16/2o - 2.5 = 16.7$ cm
$\geqq \min h = 14.9$ cm

$k_h = 16.7/\sqrt{46.33o} = 2.45$

$k_s = 5.1$ $k_x = o.43$ $k_z = o.82$

Auflager aus Mauerwerk

$\sigma_A = o.2o \cdot 35.7o7/24 = o.3o$ N/mm^2

ohne Spannungen aus dem Mauerwerk darüber liegender Belastungen
zul $\sigma_A = 1.6$ N/mm^2 nach Tafel 18 Seite 86

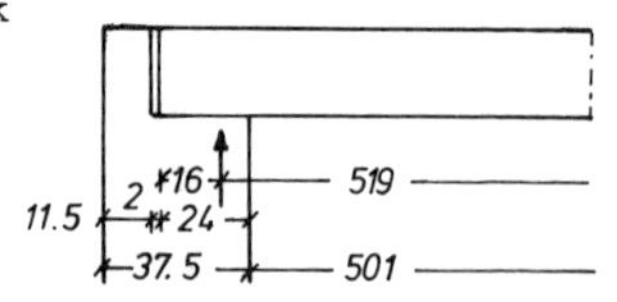

$k_1 = 2o/2o + o.33 = 1.33 \geqq 1.o$

Schubspannungen

zul $\tau_{o11B} = 1.o \cdot o.35 = o.35$ N/mm^2

vorh $\tau_o = o.1o \cdot 35.7o7/(o.82 \cdot 16.7)$
$= o.26$ N/mm^2

Rissesicherheit

$m_d \geqq o.7 \cdot 46.33o =$ <u>32.431 kNm/m</u>
$\geqq m_g =$ 21.o77 kNm/m

grenz $d_s = \phi$ 14 nach Seite 114

$d_s = \phi$ 25 nach Tafel 29, Seiten 234 / 235

s_l = 15 + 2o/1o = 16.o cm — Bewehrung

a_{sl} = 5.1 · 44.33o/16.7 = 14.15 cm^2/m

gew a_{sl} = ∅ 16/14.o mit 14.36 cm^2/m
nach Tafel 26 Seite 226

a_{sq} = 14.36/5 = 2.87 cm^2/m

s_q ≦ 33.3 cm
≦ 2 · 2o = 4o.o cm

gew a_{sq} = ∅ 1o/27.o mit 2.9o cm^2/m

v = 1.o · 16.7 = 16.7 cm — Versatzmaß

f_{sA} = 1.5 · 35.7o7 = 53.561 kN/m — Verankerungskraft

erf a_{sA} = 1o · 53.561/24o
= 2.23 cm^2/m

∅ 16/28.o mit 7.18 cm^2/m obere und untere Lage — Auflager Mauerwerk

Lage I da d - h = 2o - 16.7 < 25 cm — Auflager (A)

ohne Haken 41.1 cm nach Tafel 27.1 — obere Bewehrung

mit Haken 28.8 cm Seite 227 — $0.6 \cdot \alpha_1 \cdot l_o$

nach Zeichnung 20 vorhanden 55 cm

ohne Haken — untere Bewehrung

l_1 = 68.5 · 2.23 / 7.18 = 21.3 cm > 16.o cm

l_2 = 2/3 · 21.3 = 14.2 cm

mit Haken

l_1 = 48.o · 2.23 / 7.18 = 14.9 cm > 4.9 cm

l_2 = 2/3 · 14.9 = 9.9 cm

nach Zeichnung 20 vorhanden 2o cm

Lage II da h < 3o cm und d_B - h > 25 cm — Balken-Auflager (B)

ohne Haken 2 · 41.1 = 82.2 cm — obere Bewehrung

mit Haken 2 · 28.8 = 57.6 cm

nach Zeichnung 20 vorhanden 6o cm

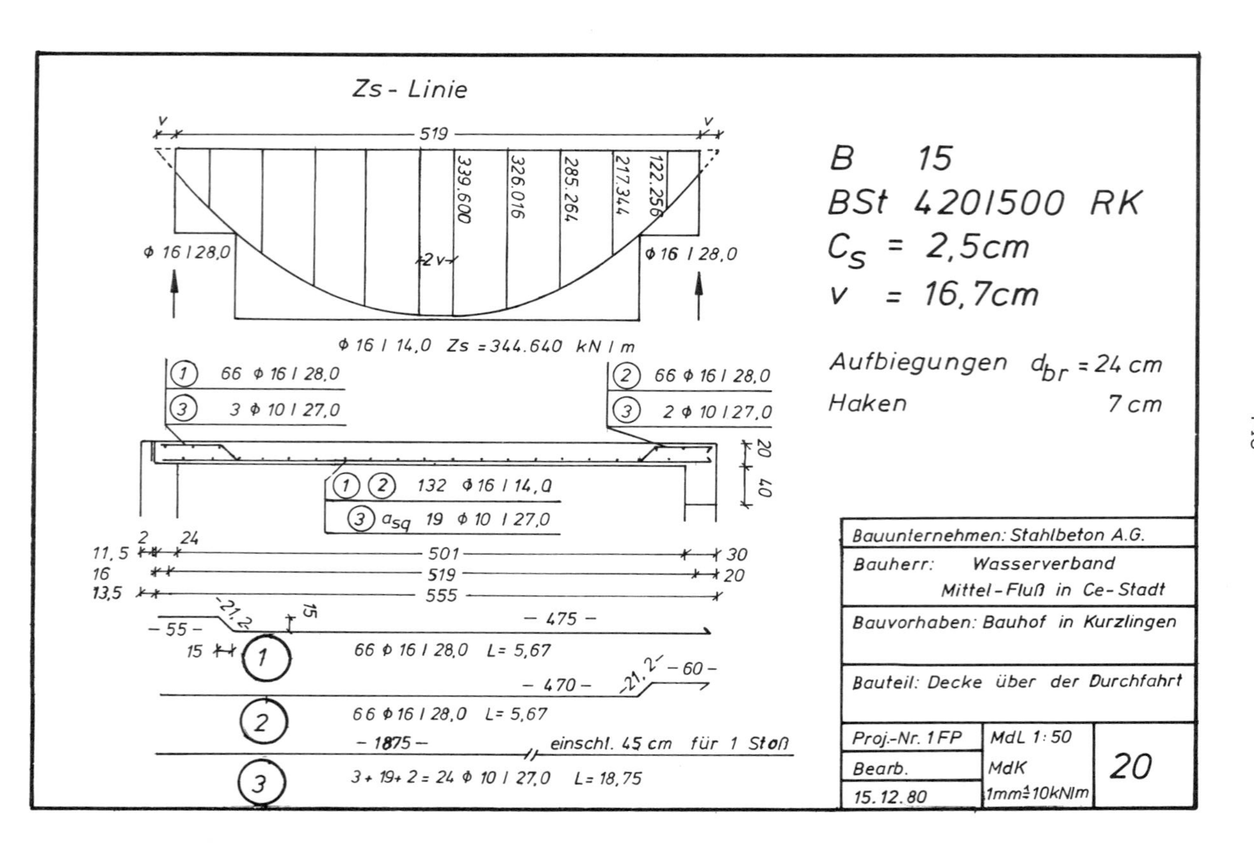

Zs - Linie
519
339.600
326.016
285.264
217.344
122.256
2v
Φ 16 / 28,0
Φ 16 / 28,0
Φ 16 / 14,0 Zs = 344.640 kN / m
1 66 Φ 16 / 28,0
3 3 Φ 10 / 27,0
2 66 Φ 16 / 28,0
3 2 Φ 10 / 27,0
1 2 132 Φ 16 / 14,0
3 asq 19 Φ 10 / 27,0
20
40
501
519
555
– 475 –
– 55 –
21,2
15
66 Φ 16 / 28,0 L = 5,67
– 470 –
– 60 –
66 Φ 16 / 28,0 L = 5,67
– 1875 –
einschl. 45 cm für 1 Stoß
3 + 19 + 2 = 24 Φ 10 / 27,0 L = 18,75
B 15
BSt 420/500 RK
Cs = 2,5cm
v = 16,7cm
Aufbiegungen dbr = 24 cm
Haken 7 cm
Bauunternehmen: Stahlbeton A.G.
Bauherr: Wasserverband Mittel-Fluß in Ce-Stadt
Bauvorhaben: Bauhof in Kurzlingen
Bauteil: Decke über der Durchfahrt
Proj.-Nr. 1 FP
Bearb.
15.12.80
MdL 1:50
MdK
1mm ≙ 10kN/m
20

ohne Haken | untere Bewehrung

l_2 = 2 · 14.2 = 28.4 cm

mit Haken

l_2 = 2 · 9.9 = 19.8 cm

nach Zeichnung 18 vorhanden 25 cm

erf Z_s = 14.15 · 24o/1o = 339.6oo kN/m | Stahlzugkraft

vorh Z_s = 14.36 · 24o/1o = 344.64o kN/m

1/1o - Punkte	Faktor	max Z_s	Z_s
o	o		o.ooo
1	o.36		122.256
2	o.64	339.6oo	217.344
3	o.84		285.264
4	o.96		326.o16
5	1.oo		339.6oo

Parabel-Konstruktion

4.3.4.2. Statische Berechnung für eineEinfeld-Platte mit Bewehrungszeichnung für Betonstahlmatten

Die Angaben und die statischen Ergebnisse sind, soweit nicht durch die Verwendung von BSt 5oo/55o RK Änderungen bedingt sind, dem Abschnitt 4.3.4.1. zu entnehmen.

Baustoffe: B I - B 15

BSt 5oo/55o R K

Schnittkräfte: max m_{AB} = 46.33o kNm/m

max q_A = 35.7o7 kN/m

Spannungsnachweis: k_1 = 1.o

Stahlquerschnitt und Rissesicherheit

m_d = 32.431 kNm/m

a_1 = 17.o cm

Baustoffe B 15 BSt 5oo/55o RK

gew d = 2o cm gesch d_{se} = ø 9.o d

erf c_s = 2.5 cm nach Tafel 24 Seite 224

$h = 20.0 - 9.0/20 - 2.5 = 17.0$ cm

$k_h = 17.0/\sqrt{46.330} = 2.50$

$k_s = 4.3$ $k_x = 0.41$ $k_z = 0.83$

grenz d_s = ø 8.5 nach Seite 114

d_s = ø 12.o nach Tafel 29, Seite 234 / 235

$a_{se} = 4.3 \cdot 46.330/17.0 = 11.72$ cm²/m

gew a_{sl} = ø 9.o d/1o.o mit 12.72 cm² /m

nach Tafeln der Mattenhersteller

$a_{sq} = 12.72/5 = 2.54$ cm²/m

ø 9.o d ist verschweißbar mit ø 7.o ÷ ø 12.o

gew a_{sq} = ø 9.o/25.o mit 2.54 cm²/m

erf $a_{sA} = 10 \cdot 53.561/285.7 = 1.87$ cm²/m

vergl. Seite 139

ø 9.o d mit 12.72 cm²/m - untere Lage — Auflager Mauerwerk

Lage I vergl. Seite 139 — Auflager (A)

ohne Haken nach Tafel 28 Seite 230 — untere Bewehrung

$l_1 = 64.9 \cdot 1.87/12.72 = 9.54$ cm < 12.7 cm

$l_2 = 2/3 \cdot 12.7 = 8.5$ cm

nach Zeichnung 36 vorhanden 19 cm

Lage II — Balkenauflager (B)

ohne Haken — untere Bewehrung

$l_1 = 2 \cdot 9.54 = 19.1$ cm > 12.7 cm

$l_2 = 2/3 \cdot 19.1 = 12.7$ cm

nach Zeichnung 36 vorhanden 25 cm

Die obere Bewehrung soll etwa $a_{sl}/3$ = 12.72/3 = 4.24 cm^2/ betragen und ohne Versatzmaß und Verankerung etwa $l_{o/1o}$ = 519/1o = 51.9 cm in das Feld reichen.

obere Bewehrung

$l = 2/3 \cdot t + l_{o/1o} + v + 1o\ d_s$

gew ⌀ 8.o/1oo mit 5.o3 cm^2/m (Q 513 quer)

$l = 2/3 \cdot 3o + 51.9 + 16.7 + 1o \cdot o.8$

$= 96.6$ cm < 1o5 cm

("halbe" Breite einer Lagermatte)

Stoß der Querbewehrung ⌀ 9.o/25.o

(Längsbewehrung ⌀ 9.o d/1o.o)

Verteilerstoß

$l_ü \geq 35$ cm $\geq$ 3 Maschen

gewählt Q 1oo · 25o · 9.o d · 9.o

Wahl der Matte

Länge der Überstände in Längsrichtung

Länge

Mauerwerkauflager $\geq$ 25 mm

Balkenauflager $\geq$ 3oo mm

Länge der Matte

$L \geq l_{2A} + l_w + l_{2B}$

$\geq 85 + 5o1o + 127 = 5222$ mm

$L \leq (t_A - c_s) + l_w + (t_B - c_s)$

$= (24o - 25) + 5o1o + (3oo-25) = 55oo$mm

gew L = 15o + 2o · 25o + 3oo = 545o mm

$ü_{11}$ = 15o mm $ü_{12}$ = 3oo mm

Breite der Stahlbeton-Platte nach Angabe des Bauherrn B = 1835 cm

Breite

B = 1835 - 2 · 6.o = 1823 cm bei c_s = 6.o cm am Rande

nach Seite 125 wird

$$n \approx \frac{18230}{2ooo} \approx 9 \text{ Matten}$$

$$b_1 \approx \frac{18230 + (9-1) \cdot 35o}{9} = 2335 \text{ mm}$$

gew 2 5 + 23 · 1oo + 25 = 235o mm

$ü_{ql}$ = 25 mm $ü_{qr}$ = 25 mm

Bezeichnung der Matte

1oo · 9.o d / 9.o − 4 / 4 · 545o · 15o · 3oo

25o · 9.o / − − o / o · 235o · 25 · 25

oder

Q 100 · 250 · 9.o d · 9.0

Aufteilung in Stützrichtung

1 Abschnitt, 1o75 mm breit

1oo + 41 · 1oo + 5o = 425o mm

1 Rest = 5o + 17 · 1oo + 1oo 185o mm

6ooo mm

obere Randbewehrung

Q 513

Q 150·100·7.0d·8.0

Stoßüberdeckung 7.od/15o

$l_ü$ ≧ 1oo + 3 · 1oo + 5o = 45o mm

1 Abschnitt 25 + 1o · 1oo + 5o 1o75 mm

1 Abschnitt 1oo + 41 · 1oo + 5o 425o mm

1 Abschnitt 25 + 1o · 1oo + 5o 1o75 mm

2 Überdeckungen

2 · 45o ./. 9oo mm

555o − 2 · 25 = 55oo mm

Aufteilung parallel zum Auflager

Stoßüberdeckung 7.o d/15o

$l_ü$ = 1oo + 3 · 1oo + 1oo = 5oo mm

3 Abschnitte 1o75 mm breit

3 · 6ooo 18ooo mm

1 Abschnitt 1oo+17·1oo+5o 185o mm

3 Überdeckungen 2 · 5oo ./. 1ooo mm

1 · 620(Rest) ./. 620 mm

18350 − 2 · 6o = 18230 mm

Die Bewehrungszeichnung Abbildung 36 befindet sich auf Seite 238

4.3.5. Durchlaufende Platten

4.3.5.1. Zusätzliche Bedingungen für durchlaufende Platten

Die Schnittkräfte dürfen unter der Annahme einer frei drehbaren Lagerung an den Unterstützungen nach den allgemein bekannten Regeln der Stab-Statik berechnet werden. Die Abweichungen von der Theorie infolge der anders gearteten tatsächlichen Lagerung wird durch Korrektionen berücksichtigt. Platten zwischen Stahl- oder Stahlbetonfertig-Trägern dürfen nach Paragraph 15.4.1.1. nur dann als durchlaufende Platten berechnet werden, wenn die Oberkante der Platte mindestens 4 cm über der Träger-Oberkannte liegt, und eine ausreichende Umhüllung der durchgehenden Bewehrung, die zur Deckung der Stützmomente erforderlich ist, gewährleistet wird.

Feld-Momente nach Paragraph 15.4.1.3. und 15.4.1.4.

Die maximalen und minimalen Feld-Momente werden bei nicht biegesteifen Anschluß an die Unterstützung - z.B. bei Auflagerung auf Mauerwerk - nach den Regeln der Statik ermittelt. Ist die Platte biegesteif mit ihrer Unterstützung verbunden, so dürfen wegen der Verdrehungswiderstände der Unterstützung die minimalen Feld-Momente unter der Annahme, daß in den benachbarten Feldern nur die halbe Nutzlast aufgebracht ist, berechnet werden. Weiterhin muß unabhängig von den berechneten Feld-Momenten für die Bemessung mindestens ein Moment in Ansatz gebracht werden, das sich ergeben würde, wenn die Platte in der Mitte des Auflagers starr eingespannt wäre. Die Stützweite ist in diesen Fällen mit ' l ' anzusetzen. Unter der Voraussetzung einer gleichmäßig verteilten Flächenlast ergeben sich dann die folgenden Biegemomente im Feld:

End-Feld

$$m_{AB} = \frac{q \cdot l^2}{14.2}$$

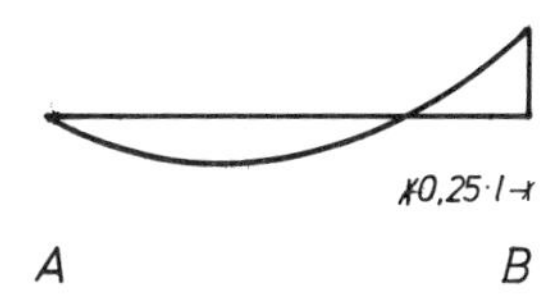

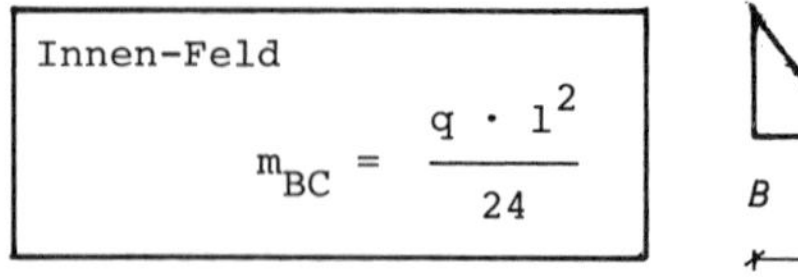

Innen-Feld

$$m_{BC} = \frac{q \cdot l^2}{24}$$

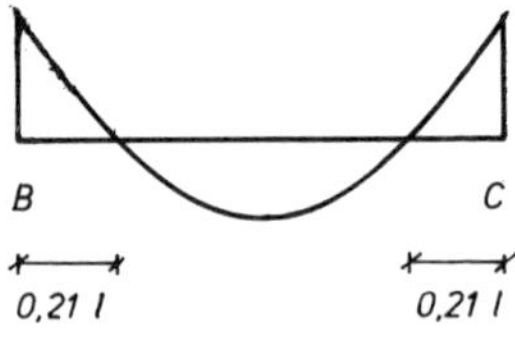

Stütz-Momente nach Pragraph 15.4.1.2.

Die tatsächlich vorhandene Lagerung entspricht im allgemeinen Ingenieur-Bau nicht der angenommenen Schneidenlagerung - Ausnahme z.B. der Brückenbau - . Die vorhandene Auflagerung auf breiter Fläche erlaubt ein Ausrunden der Momenten-Spitze im Bereich des Aufalgers. Die Nutzhöhe kann nach Bild 7 für M' auf $h_{St} = h_{Feld} + t / 6$ erhöht werden.

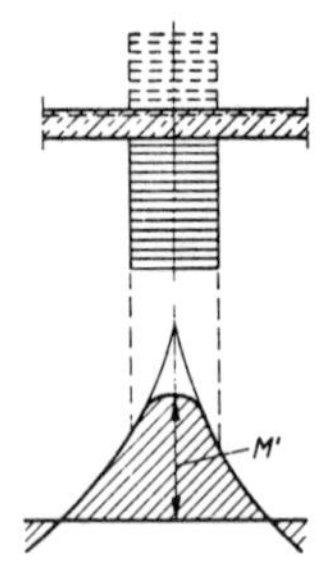

Bild 6 Momentenausrundung bei nicht biegesteifem Anschluß an die Unterstützung, z.B. bei Auflagerung auf Wänden

Bild 7 Momentenausrundung und Bemessungsmomente bei biegesteifem Anschluß an die Unterstützung

Verteilt man die Auflagerkraft $V_B = q_{Bl} + q_{Br}$ gleichmäßig auf die Auflagertiefe t, und nimmt man weiterhin an, daß das Auflager ein beidseitiger Kragträger mit den beiden Kraglängen t/2 sei, der in der Mitte gelagert ist, so erhält man in der Mitte des Auflagers ein positives Moment

$$\Delta m = \frac{q_{Bl} + q_{Br}}{t} \cdot \frac{(t / 2)^2}{2} = v_B \cdot t / 8$$

Für die Bemessung ist dann in Auflager-Mitte nur anzusetzen

$$m_B' = m_B + \Delta m = m_B + v_B \cdot t / 8$$

Die Gleichung der Momenten-Linie lautet

$$m(x) = m_B + q_{Br} \cdot x - q \cdot x^2 / 2$$

Für das Rand-Moment ' m_I ' bzw. ' m_{II} ' oder ' m_{BRl} ' bzw. ' m_{BRr} ' gilt $x = t/2$.

Setzt man das in die Gleichung ein, erkennt man, daß der Verlauf der Momentenlinie im Bereich des Auflagers fast einer Geraden folgt, so daß der Einfluß des dritten Summanden vernachlässigt werden kann. Daraus folgt

$$m_{BRr} = m_B + q_{Br} \cdot t / 2$$

Nimmt man ferner an, daß $q_{Bl} \approx q_{Br}$ ist, so kann man die Formel auch schreiben

$$m_{BRl} \approx m_{BRr} \approx m_B + V_B \cdot t / 4$$

Unabhängig von den berechneten Rand-Momenten muß mindestens ein Moment am Rande des Biegesteif verbundenen Auflagers angesetzt werden von

Erste Innenstütze - Endfeld

$$m_{BRl} = - q \cdot l_w^2 / 1o$$

Abbildung
Verlauf der Momentenlinie im Bereich des Auflagers

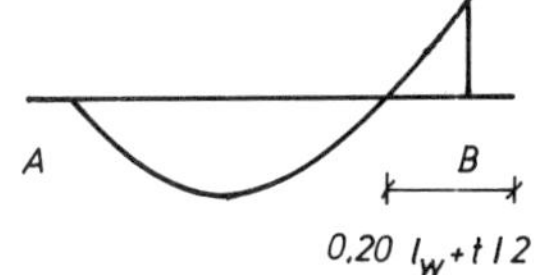

Innenstütze - Innenfeld
$m_{BRr} = q \cdot l_w^2 / 12$

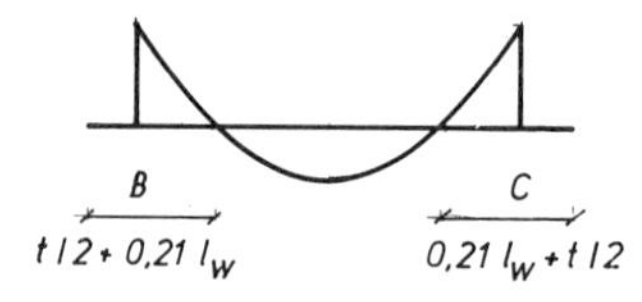

Bei nicht gleichmäßig verteilter Flächen-Belastung sind die entsprechenden Einspann-Momente anzusetzen, an der ersten Innenstütze im Endfeld z.B. 8o o/o des Momentes bei starrer Einspannung.

Querkräfte und Stützkräfte nach Paragraph 15.6. und 15.7.

Die Querkräfte und Stützkräfte dürfen bei Hochbauten für Vollast auf allen Feldern ermittelt werden, sofern die kleinere Stützweite benachbarter Felder mindestens das o.7-fache der größeren ist. Diese Annahme ist für die Berechnung der Schub- und Verbundspannungen hinreichend genau. Unter den gleichen Voraussetzungen dürfen die Stützkräfte unter der Annahme von Gelenken - ohne Durchlaufwirkung - an den Innenstützen ermittelt werden. An der ersten Innenstütze muß davon abweichend unter allen Umständen die Durchlaufwirkung berücksichtigt werden.

Die Statik der Durchlauf-Platte

Unter Berücksichtigung der in den vorhergehenden Abschnitten aufgeführten Besonderheiten sind für alle Felder und Auflager die maximalen und minimalen Schnittkräfte zu bestimmen. Nach der Bemessung sind für die Biegemomente die Zugkraftlinien und daraus die Zugkraft-Grenzlinie zu zeichnen, die dann für die Deckungslinie maßgebend ist.

Berechnung bestimmter Punkte der Momenten-Linie bei gleichmäßig verteilter Flächenbelastung

Die Stütz-Momente sind nach den Regeln der Statik für die durchlaufende Platte ermittelt worden. In den folgenden Ansätzen sind die Momenten-Werte immer mit ihren Vorzeichen einzusetzen. Da das Vorzeichen der Querkräfte für die Be-

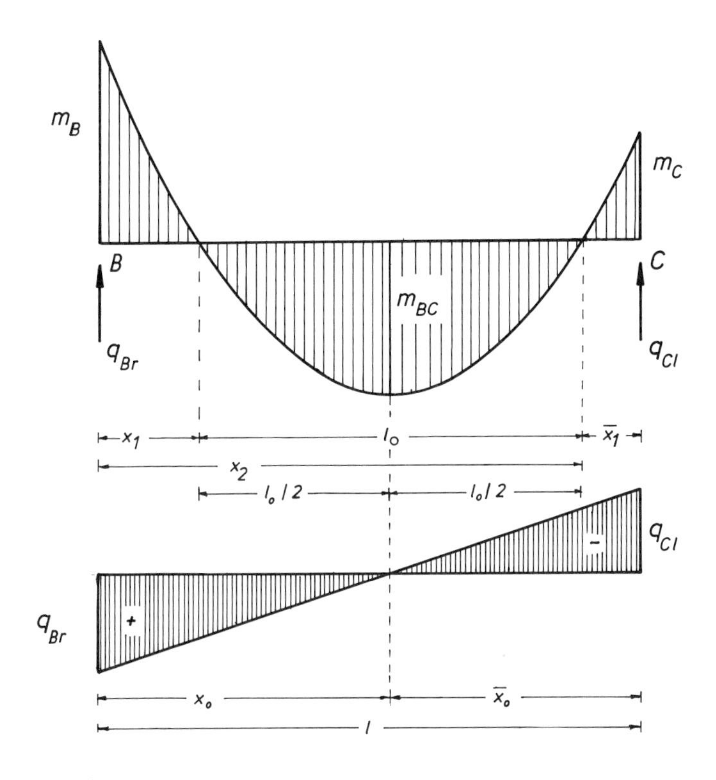

Abbildung 21 Momenten- und Querkraftlinien eines Trägers

rechnung von Stahlbeton-Bauwerken unwesendtlich ist, werden nur die absoluten Werte (also immer mit +) in der Rechnung verwendet.

$$q_{Br} = \frac{q \cdot l}{2} - \frac{m_B - m_C}{l}$$

$$x_o = \frac{q_{Br}}{q}$$

$$\max m_{BC} = \frac{q_{Br}^{2}}{2 \cdot q} + m_{B}$$

$$l_{o} = \sqrt{\frac{8 \cdot \max m_{BC}}{q}} = \sqrt{\frac{8 \cdot a_{s} \cdot h}{q \cdot k_{s}}}$$

$$x_{1} = x_{o} - \sqrt{\frac{2 \cdot \max m_{BC}}{q}}$$

$$x_{1} = \frac{q_{Br}}{q} \cdot \left(1 - \sqrt{1 + \frac{2 \cdot q}{q_{Br}^{2}} \cdot m_{B}} \right)$$

Die Größe der zu erwartenden Feld- und Stütz-Momente sowie der Querkräfte schätzt man zweckmäßigerweise vor Beginn der genauen Berechnung, um unnötige Arbeit zu vermeiden. Unter der Annahme, daß die Breite t des unterstützenden Balkens etwa 1 / 15 ist, wird

$$\max m_{AB} = \frac{p \cdot l^{2}}{1o} + \frac{g \cdot l^{2}}{12.5}$$

$$m_{BRl} = - \frac{q \cdot l^{2}}{11}$$

$$q_{BRl} = \frac{p \cdot l}{1.61} + \frac{g \cdot l}{1.64}$$

4.5.2. Statische Berechnung für eine Vierfeld-Platte mit Bewehrungszeichnung für Rundstahl

S t a t i s c h e   B e r e c h n u n g

für eine

V i e r f e l d - P l a t t e

Der Wasserverband Mittel-Fluß in C-Stadt, Silostraße, beabsichtigt, in Kurzlingen, Landkreis .... , einen Bauhof für die Unterhaltung des Mittel-Flusses zu erstellen. Im Zusammenhange mit dieser Baumaßnahme ist eine Decke unter einer 'Werkstatt mit mittlerem Betrieb' zu errichten. Nach DIN 1o55, Blatt 3, Absatz 6.1.6. wird eine Nutzlast von 7.5oo kN/m^2 gewählt.

Die Werkstatt-Halle soll eine Abmessung von 20.35 m Länge und 18.35 m Breite erhalten. Für die Ausführung wird ein Beton I - B 15 mit einer Stahlbewehrung aus BSt 42o/5oo RK vorgesehen. Die als durchlaufende Platte gedachte Decke liegt auf Stahlbetonbalken auf, die zusammen mit der Platte betoniert werden.

Die Überdeckung der Bewehrung wird mit mindestens 2.5 cm angesetzt - Bauteile, zu denen die Außenluft mit hoher Luftfeuchtigkeit Zugang hat, da große Tore vorhanden sind -, der Raum unter der Werkstatt soll als Abstellraum bzw. Garage genutzt werden. Vergl. Tabelle 1o nach DIN 1o45.
(r = 5o - Zeile 3)

Als Fußboden hat der Bauherr 2 cm Asphalt-Platten auf 2 cm Mörtelbett bestimmt. Die Unterseite der Decke soll mit einem 2 cm dicken Kalk-Zement-Putz versehen werden.

Vorschriften - in den zur Zeit gültigen Fassungen

1. Lastannahmen für Bauten	DIN 1o55, Blatt 1 und 3
2. Beton- und Stahlbetonbau Bemessung und Ausführung	DIN 1o45
3. Bemessung im Beton- und Stahlbetonbau	(Heft 22o/Heft 24o)
4. Holzbauwerke, Berechnung und Ausführung	DIN 1o52

Literatur

Beton-Kalender 19.. , ... Auflage
Verlag Wilhelm Ernst und Sohn
Berlin, München, Düsseldorf

Baustoffe

Beton	Beton I - B 15
Korntrennung	O - 4 - 16 mm
Zement	PZ 35 F
Zement-Gehalt	mindestens 3oo kg/m^3
Wasser-Zement-Wert	höchstens o.75
Konsistenz	K 2
Zusätze	Luftporenbildner
Stahl	BSt 42o/5oo RK
Beton-Überdeckung	mindestens 2.5 cm

Die Zusammensetzung des Betons soll aufgrund einer Eignungsprüfung erfolgen

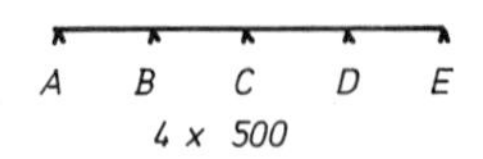

Aus der vom Bauherrn überlassenen Zeichnung ergibt sich eine Vierfeld-Platte mit einer Stützweite der einzelnen Felder von 5oo cm. Die Breite der unterstützenden Balken, die zusammen mit der Platte betoniert werden, wird mit $l_{p/15}$ = 5oo/15 ≈ 35 cm angenommen.

max l_i = o.8 · 5oo = 4oo cm — Mindest-Nutzhöhe

min h = 4oo / 35 = 11.43 cm

gesch d_{sL} = 12 mm

d = 11.43 + 1.2/2 + 2.5 = 14.6 cm

gew d = 2o cm

Lastermittlung

2 cm Asphalt-Platten (7.1o.2.2.)		
2 · o.22	o.44o	kN/m^2
2 cm Zement-Mörtel (7.4.5.)		
2 · o.21	o.42o	kN/m^2
2o cm Stahlbeton-Platte (7.4.1.5.)		
2o · 25/1oo	5.ooo	kN/m^2
2 cm Kalk-Zement-Putz (7.8.8.)		
	o.4oo	kN/m^2
g =	6.26o	kN/m^2
p	7.5oo	kN/m^2
q =	13.76o	kN/m^2

Überschlagsrechnung

$$\max m_{AB} = \frac{7.5oo \cdot 5.oo^2}{1o} + \frac{6.26o \cdot 5.oo^2}{12.5} =$$

$$= 18.75o + 12.52o = 31.27o \text{ KNm/m}$$

$$m_{BR1} = - \frac{13.76o \cdot 5.oo^2}{11} = - 31.273 \text{ KNm/m}$$

$$q_{BR1} = \frac{7.5oo \cdot 5.oo}{1.61} + \frac{6.26o \cdot 5.oo}{1.64}$$

$$= 23.292 + 19.o85 = 42.377 \text{ KN/m}$$

Kontrolle der gewählten Abmessungen

k_h = (2o.o - 1.2/2 - 2.5) /$\sqrt{31.273}$ = 3.o2

k_s = 4.8 k_z = o.88

erf a_{sl} = 4.8 · 31.273/16.9 = 8.88 cm^2/m

möglich: ⌀ 12/12.5 mit 9.o5 cm^2/m

$$\tau_o = \frac{o.1o \cdot 42.377}{o.88 \cdot 16.9} = o.28 < o.35 \; N/mm^2$$

Stützmomente

Die Stützmomente werden für die einzelnen Lastfälle durch Multiplikation der Hilfswerte mit den entsprechenden Faktoren berechnet.

$g \cdot l/2$ = 6.26o · 5.oo/2 = 15.65o kN/m

$q \cdot l/2$ = 13.76o · 5.oo/2 = 34.4oo kN/m

$g \cdot l^2$ = 6.26o · $5.oo^2$ = 156.5oo kNm/m

$p \cdot l^2$ = 7.5oo · $5.oo^2$ = 187.5oo kNm/m

	A	B	C	D	E
k	0	- o.1o7	- o.o71	- o.1o7	0
kgl^2	0	-16.745	-11.111	-16.745	0
k	0	- o.o54	- o.o36	- o.o54	0
kpl^2	0	-1o.125	- 6.75o	-1o.125	0
$kpl^2/2$	0	- 5.o63	- 3.375	- 5.o63	0
k	0	- o.121	- o.o18	- o.o58	0
kpl^2	0	-22.688	- 3.375	-1o.875	0
k	0	+ o.o13	- o.o54	- o.o49	0
$kpl^2/2$	0	+ 1.219	- 5.o63	+ 2.438	0
k	0	- o.o36	- o.1o7	- o.o36	0
kpl^2	0	- 6.75o	-2o.o63	- 6.75o	0
k	0	- o.o71	+ o.o36	- o.o71	0
$kpl^2/2$	0	- 6.657	+ 3.375	- 6.657	0

	A	B
m_1	0	- 16.745
m_{2a}	0	- 10.125
$m_1 + m_{2a}$	0	- 26.870

Feld-Momente

Feld A - B

max m_{AB}

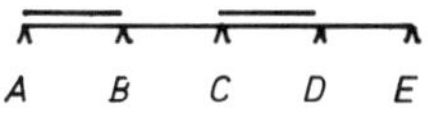

A B C D E

$q_{Ar} = 34.400 - (0.000 + 26.870)/5.00$
$= 29.026$ kN/m

$x_o = 29.026 / 13.760 = 2.11$ m

$m_{AB} = 29.026^2/(2 \cdot 13.760) + 0.000$
$= + 30.614$ kNm/m

$x_{1,2} = 2.11 \mp \sqrt{2 \cdot 30.614/13.760} =$
$= 2.11 \mp 2.11 =$

$x_1 = 0.00$ m $\quad x_2 = 4.22 \quad \overline{x}_1 = 0.78$ m

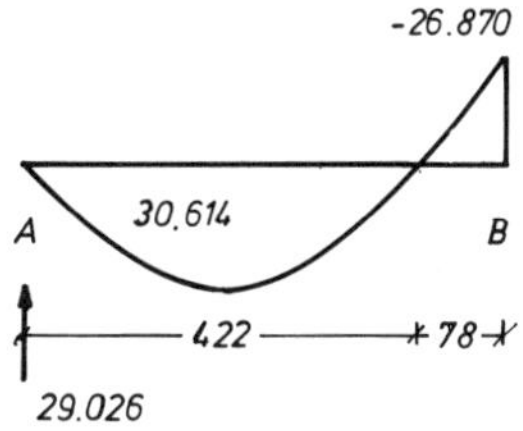

-26.870

30.614

A B

422 78

29.026

$m_{AB} = 13.760 \cdot 5.00^2/14.2 = + 24.225$ kNm/m

mind m_{AB}

$\overline{x}_1 = 0.25 \cdot 5.00 = 1.25$ cm

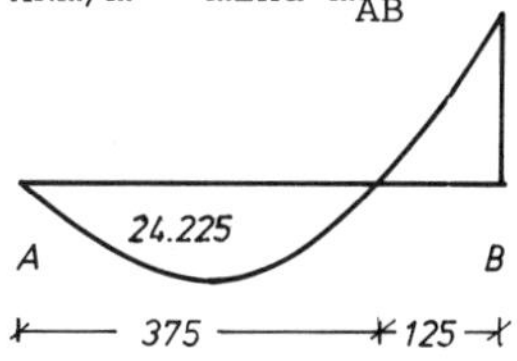

24.225

A B

375 125

	A	B
m_1	0	- 16.745
m_{2b}	0	- 5.063
$m_1 + m_{2b}$	0	- 21.808

min m_{AB}

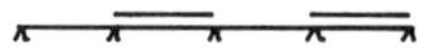

-21.808

$q_{Ar} = 15.650 - (0.000 + 21.808)/5.00$
$= 11.288$ kN/m

$x_o = 11.288/6.260 = 1.80$ m

$m_{AB} = 11.288^2/(2 \cdot 6.260) + 0.000$
$= 10.177$ kNm/m

A B

10.177

360 140

11.288

$x_{1.2} = 1.80 \mp \sqrt{2 \cdot 10.177/6.260} =$
$= 1.80 \mp 1.80 =$

$x_1 = 0.00$ m $\quad x_2 = 3.60$ m $\quad \overline{x}_1 = 1.40$ m

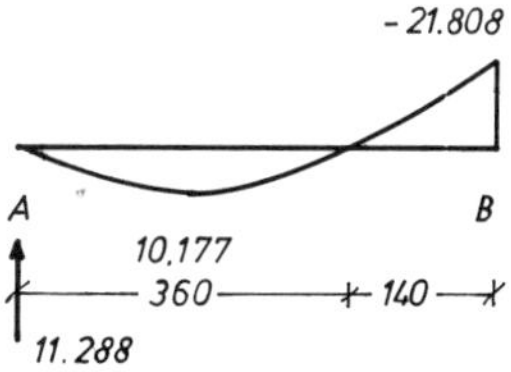

	B	C
m_1	- 16.745	- 11.111
m_3	- 10.125	- 6.750
$m_1 + m_3$	- 26.870	- 17.861

Feld B C

max m_{BC}

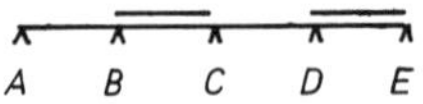

A B C D E

q_{Br} = 34.400 -(-26.870 + 17.861)/5.00
= 36.202 kN/m

x_o = 36.202/13.760 = 2.63 m

m_{BC} = $36.202^2/(2 \cdot 13.760) - 26.870$
= + 20.753 kNm/m

$x_{1.2}$ = $2.63 \mp \sqrt{2 \cdot 20.753/13.760}$ =
= 2.63 ∓ 1.74 =

x_1 = 0.89 m x_2 = 4.37 m $\bar{x}_1$ = 0.63 m

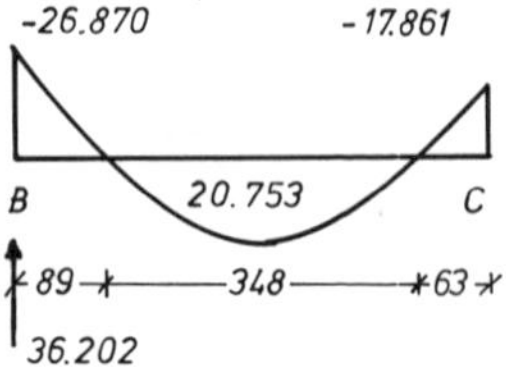

-26.870 -17.861

B 20.753 C

89 348 63

36.202

m_{AB} = $13.760 \cdot 5.00^2/24$ = + 14.333 kNm/m

mind m_{BC}

x_1 = $\bar{x}_1$ = $0.21 \cdot 5.00$ = 1.05 m

B C

14.333

105 290 105

	B	C
m_1	- 16.745	- 11.111
m_{2b}	- 5.063	- 3.375
$m_1 + m_{2b}$	- 21.808	- 14.486

min m_{BC}

-21.808 -14.486

q_{Br} = 15.650 - (-21.808 + 14.486)/5.00
= 17.114 kN/m

x_o = 17.114/6.260 = 2.73 m

m_{BC} = $17.114^2/(2 \cdot 6.260) - 21.808$
= + 1.586 kNm/m

$x_{1.2}$ = $2.73 \mp \sqrt{2 \cdot 1.586/6.260}$ =
= 2.73 ∓ 0.71 =

x_1 = 2.02 m x_2 = 3.44 m $\bar{x}_1$ = 1.56 m

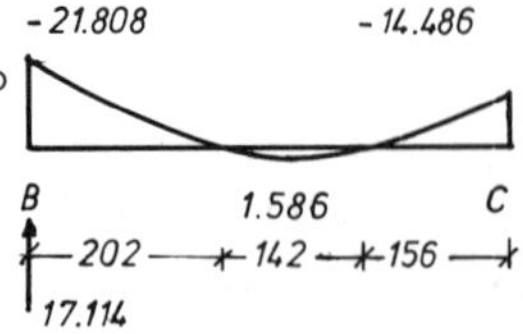

B 1.586 C

202 142 156

17.114

Die Momente im Auflager A und E sind immer gleich O, da kein Kragmoment vorgesehen ist. Die größte Auflagerkraft ergibt sich aus dem gleichen Lastfall wie das größte Feldmoment. Die kleinste Auflagerkraft folgt entsprechend aus dem Lastfall für das kleinste Feldmoment.

Stützmomente und Auflagerkräfte

Auflager A

m_A = o.ooo kNm/m

max v_A = 29.o26 kN/m

min v_A = 11.288 kN/m

	A	B	C
m_1	O	- 16.745	- 11.111
m_4	O	- 22.688	- 3.375
$m_1 + m_4$	O	- 39.433	- 14.486

Auflager B

min m_{st}

max v

A B C D E

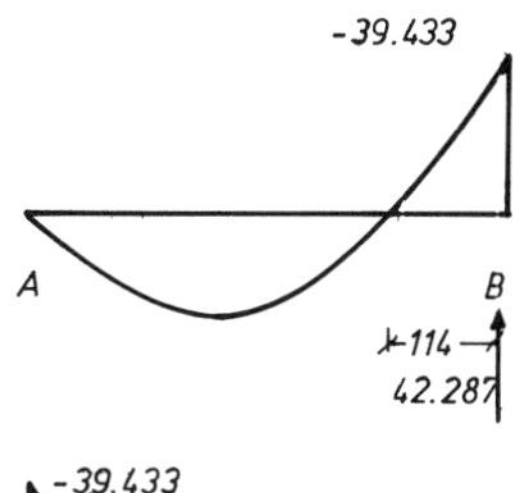

q_{Bl} = 34.4oo + (o.ooo + 39.433)/5.oo
= 42.287 kN/m

$\overline{x}_o$ = 42.287/13.76o = 3.o7 m

m_{BA} = 42.287^2/(2 · 13.76o) - 39.433
= 25.545 kNm/m

$\overline{x}_1$ = 3.o7 - $\sqrt{2 \cdot 25.545/13.76o}$ =
= 3.o7 - 1.93 = 1.14 m

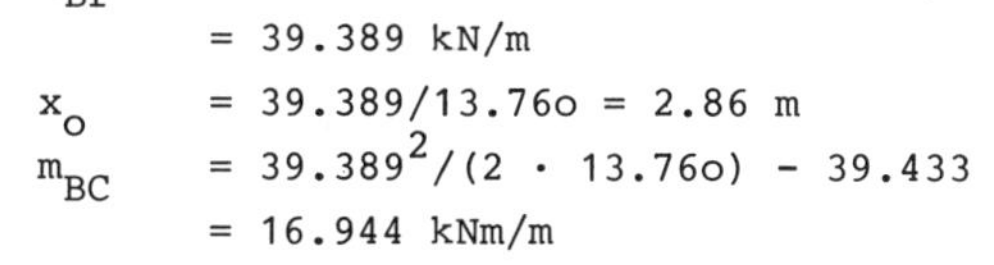

q_{Br} = 34.4oo + (-14.486 + 39.433)/5.oo
= 39.389 kN/m

x_o = 39.389/13.76o = 2.86 m

m_{BC} = 39.389^2/(2 · 13.76o) - 39.433
= 16.944 kNm/m

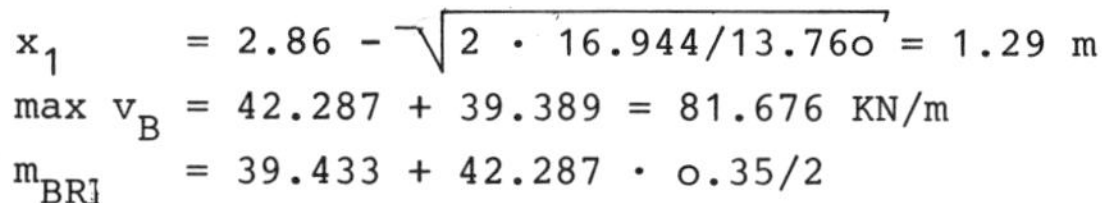

x_1 = 2.86 - $\sqrt{2 \cdot 16.944/13.76o}$ = 1.29 m

max v_B = 42.287 + 39.389 = 81.676 KN/m

m_{BRl} = 39.433 + 42.287 · o.35/2
= - 32.o33 kNm/m

m_B' = - 39.433 + 81.676 · o.35/8
= - 35.86o kNm/m

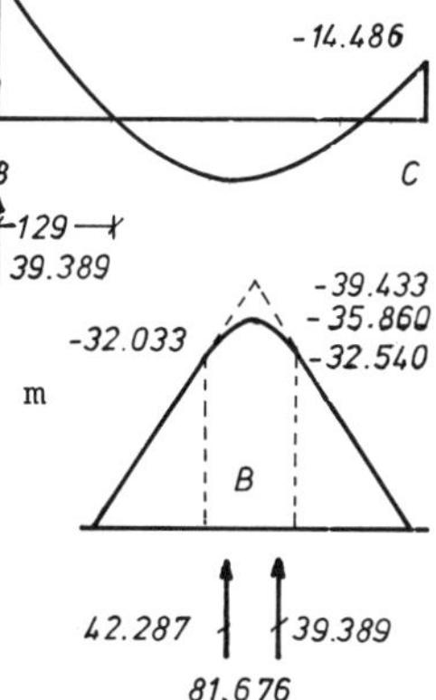

m_{BRr} = - 39.433 + 39.389 · o.35/2
= - 32.54o kNm/m

m_{BRl} = - 13.76o · (5.oo - o.35)^2/1o   Mindest-Momente
= - 29.753 kNm/m

x_1+t/2 = o.2o · (5.oo - o.35) + o.35/2
= 1.11 m

m_{BRr} = - 13.76o · (5.oo - o.35)^2/12
= - 24.794 kNm/m

x_1+t/2 = o.21 · (5.oo - o.35) + o.35/2
= 1.15 m

-29.753   -24.794
35
111   115
B

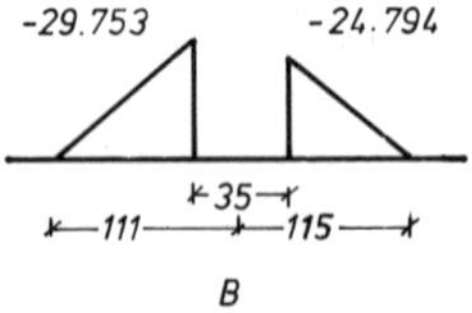

	A	B	C
m_1	0	- 16.745	- 11.111
m_5	0	+ 1.219	- 5.o63
m_1 + m_5.	0	- 15.526	- 16.174

max m_{st}
min v

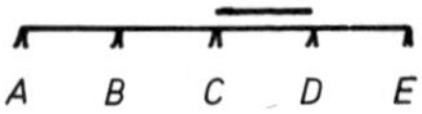

A B C D E

q_{Bl} = 15.65o + (o.ooo + 15.526)/5.oo
= 18.755 kN/m

$\bar{x}_o$ = 18.755/6.26o = 3.oo m

m_{BA} = 18.755^2/(2 · 6.26o) - 15.526
= 12.569 kNm/m

$\bar{x}_1$ = 3.oo - $\sqrt{2 \cdot 12.569/6.26o}$ = 1.oo m

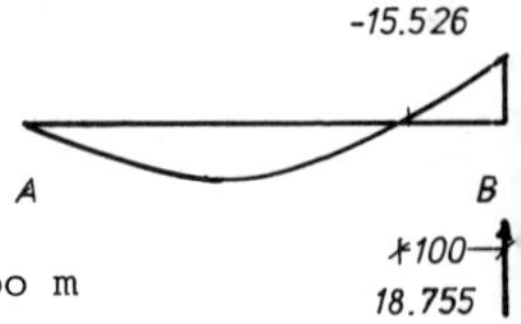

-15.526
A B
100
18.755

q_{Br} = 15.65o + (-16.174 + 15.526)/5.oo
= 15.52o kN/m

x_o = 15.52o/6.26o = 2.48 m

m_{BC} = 15.52o^2/(2 · 6.26o) - 15.526
= 3.713 kNm/m

x_1 = 2.48 - $\sqrt{2 \cdot 3.713/6.26o}$ = 1.39 m

-15.526   -16.174
B C
139
15.520

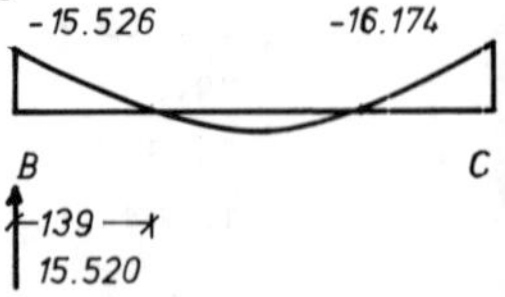

min v =
34.275 kN/m

	B	C	D
m_1	- 16.745	- 11.111	- 16.745
m_6	- 6.750	- 20.063	- 6.750
	- 23.495	- 31.174	- 23.495

Auflager C
min m_{st}
max v

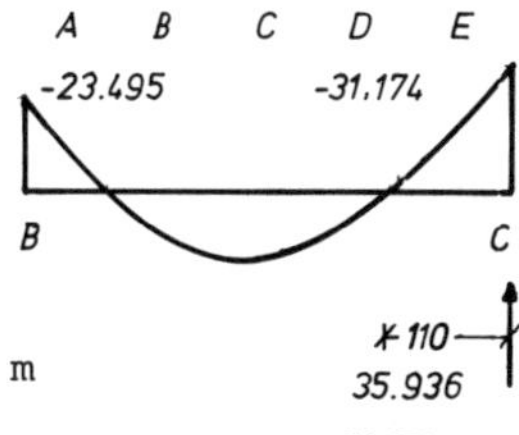

$q_{Cl} = 34.400 + (-23.495 + 31.174)/5.00$
$= 35.936$ kN/m

$\overline{x}_o = 35.936/13.760 = 2.61$ m

$m_{CB} = 35.936^2/(2 \cdot 13.760) - 31.174$
$= 15.752$ kNm/m

$\overline{x}_1 = 2.61 - \sqrt{2 \cdot 15.752/13.760} = 1.10$ m

Aus Symmetriegründen entspricht das Feld B-C dem Feld C-D

$v_C = 35.936 + 35.936 = 71.872$ kN/m

$m_{CRl} = m_{CRr} = - 31.174 + 35.936 \cdot 0.35/2$
$= - 24.885$ kNm/m

$m'_C = - 31.174 + 71.872 \cdot 0.35/8$
$= - 28.030$ kN/m

vergl. Auflager B

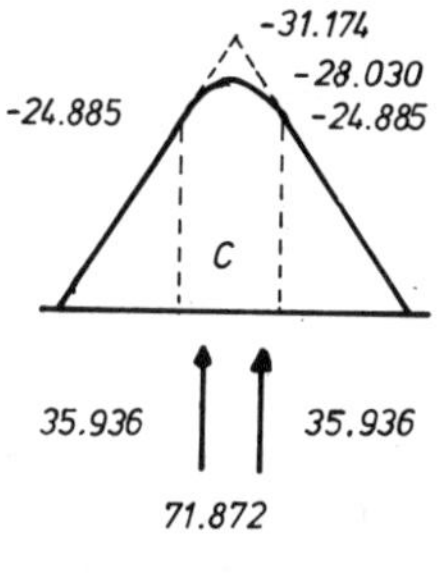

Mindest-Momente

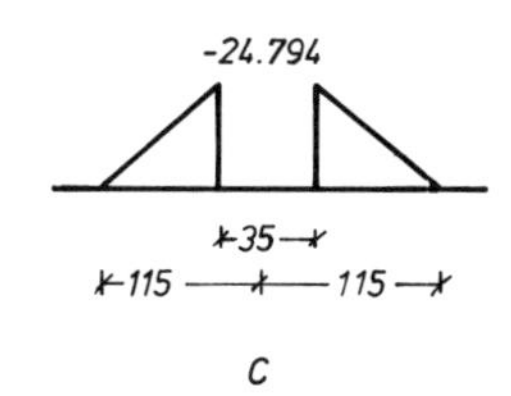

	B	C	D
m_1	- 16.745	- 11.111	- 16.745
m_7	- 6.657	+ 3.375	- 6.657
$m_1 + m_7$	- 23.402	- 7.736	- 23.402

max m_{st}
min V

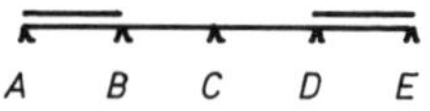

A B C D E

q_{Cl} = 15.650 + (-23.402 + 7.736)/5.00
= 12.517 KN/m

x_o = 12.517/6.260 = 2.00 m

m_{CB} = $12.517^2/(2 \cdot 6.260) - 7.736$
= 4.778 KNm/m

$\bar{x}_1$ = $2.00 - \sqrt{2 \cdot 4.778/6.260} = 0.76$ m

-23.402 -7.736
B C
.76
12.517

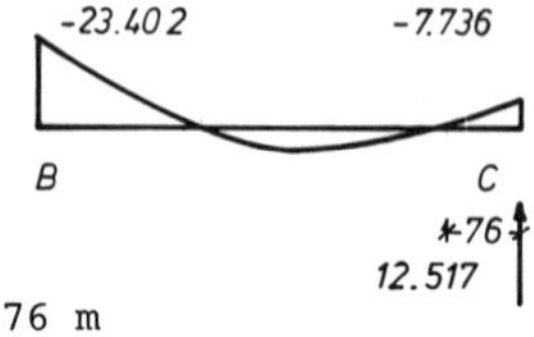

Aus Symmetriegründen entspricht das Feld B-C dem Feld C-D

min v_C = $2 \cdot 12.517 = 25.034$ kN/m

Die Nutzhöhe beträgt bei einer gewählten Plattendicke d = 20 cm, einen gewählten Durchmesser d_{sl} = ø 12 und einer Beton-Überdeckung von 2.5 cm

Nutzhöhe

h = 20.0 - 12/20 - 2.5 = 16.9 cm

h_F = 16.9 cm

in der Mitte der Unterstützung ist anzusetzen

h' = 16.9 + 35/6 = 22.7 cm

h' = 22.7 cm

Eine Korrektur der Schnittgrößen ist nicht erforderlich, da h > 10.0 cm

Der größte Stababstand beträgt

größter Stababstand

max s_1 = 15 + 20/10 = 17.0 cm

s_1 = 17.0 cm

Das Versatzmaß beträgt

Versatzmaß

v = 1.0 · 16.9 = 16.9 cm

v = 16.9 cm

Die zulässige Schubspannung beträgt zul τ_{011b} = o.35 N/mm^2

zul τ_{011b} = 1.o · o.35 = o.35 N/mm^2

da d $\leqq$ 3o cm ist.

Der erforderliche Stahlquerschnitt a_{sA} = 1.81 cm^2/m

am Endauflager ist nach Seite 162

a_{sA} = 15 · 29.o26/24o = 1.81 cm^2/m

Für die Rißsicherheit wird nach Rißbeiwert

Tabelle 15 - Seite 115 r = 5o

ein Beiwert r = 5o gewählt.

Der Grenzdurchmesser ist ⌀ 14

nach Tabelle 14 - Seite 114

Obere Bewehrung ⌀ 12/26,0 Lage II Verankerungen Auflager A

ohne Haken 61.6 cm

mit Haken 43.2 cm

nach Zeichnung 23 vorhanden 45 cm

Untere Bewehrung Lage II

ohne Haken

l_1 = 1o2.8 · 1.81/4.35 = 42.8 cm > 12.o cm

l_2 = 2/3 · 42.8 = 28.6 cm

mit Haken

l_1 = 72.o · 1.81/4.35 = 3o.o cm > 3.7cm

l_2 = 2/3 · 3o.o = 2o.o cm

nach Zeichnung 23 vorhanden 30 cm

Obere Bewehrung Lage I - l_1 da d_s < ⌀ 16 cm

Feld B - A Auflager B

ohne Haken $\frac{⌀\ 6/13.o}{l_1 = 6.o\ cm}$

vorh a_s $\frac{⌀\ 1o/26.o + ⌀\ 6/13.o}{3.o2 + 2.17\ cm^2/m}$

l_o = 42.8 cm

l_1 = 42.8 · 2.17/(3.o2 + 2.17) = 17.9 cm

Bemessen der Vierfeld-Platte

B 15	BSt 42o/5oo RK	zul τ_o = o.35 N/mm^2
d = 2o cm	h_F = 16.9 cm	h' = 22.7 cm
r = 5o	$s_l \leqq$ 17.o cm	grenz d_{sl} = ø 14

	A			B				C
m (kNm/m)			-32.o33	-35.86o	-32.54o		-24.885	-28.o3o
m(kN/m/m)		+3o.614				+2o.753		
q (kNm/m)	29.o26		42.287		39.389		35.936	
h (cm)	16.9	16.9	16.9	22.7	16.9	16.9	16.9	22.7
k_h	-	3.o6	2.99	3.79	2.96	3.71	3.39	4.29
d_s	-	12	14	8	14	8	1o	6
k_s	-	4.7	4.8	4.6	4.8	4.6	4.7	4.5
erf a_{sl} (cm^2/m)	1.81	8.51	9.1o	7.27	9.24	5.65	6.92	5.56
gew a_{sl}	ø12/26.o--	ø12/13.o----------		ø12/26.o				
				ø1o/26.o----------		ø1o/13.o--------		ø1o/26.o
				ø 6/13.o				ø1o/26.o
								ø 6/13.o
vorh a_{sl} (cm^2/m)	4.35	8.7o		4.35		6.o4		3.o2
				3.o2				3.o2
				2.17				2.17
				9.54				8.21

erf a_{sq} (cm^2/m)		1.74		1.91		1.21		1.64
gew a_{sq}		∅8/28.o		∅8/26.o		∅8/33.o		∅8/3o.o
vorh a_{sq} (cm^2/m)		1.79		1.93		1.52		1.67
k_z	o.89		o.88		o.88		o.9o	
τ_o (N/mm^2)	o.193		o.284		o.265		o.236	
erf Z_s (kN/m)	43.44o	2o4.24o	218.4oo	174.48o	221.76o	135.6oo	166.o8o	133.44o
vorh Z_s (kN/m)	1o4.4oo	2o8.8oo		228.96o		144.96o		197.o4o

Verwendete Formeln und Ansätze

k_h = h (cm) / $\sqrt{m\,(kNm/m)}$

a_{sl} (cm^2/m) = k_s · m (kNm/m) / h (cm) · $\sqrt[3]{\frac{gew\ d_s}{ds}}$

d_s nach Tafel 29.1 Seite 234 sofern gew d_s > grenz d_s > d_s

τ_o (N/mm^2) = o.1 · q_i (kN/m) / (k_z · h (cm))

Z_s (kN/m) = a_s (cm^2/m) · σ_s (N/mm^2)/1o

Stützmoment für den Lastfall	$\overline{x}_1$	m_{Rl}	m_{St}	m_{Rr}	x_1	z_{sRl}	z_{St}	z_{sRr}
Auflager B								
max m_F	78	-	-26.87o	-	89	-	183.119	-
min m_F	14o		-21.8o8		202	-	148.621	-
mind m_F	125	-	-	-	1o5	-	-	-
min m_{St}	114	-32.o33	-39.433	-32.54o	129	218.4oo	174.48o	221.76o
max m_{St}	1oo	-	-15.526	-	139	-	1o5.81o	-
mind m_{StR}	111	-29.753	-	-24.794	115	2o2.767	-	168.971
Auflager C								
max m_F	63	-	-17.861	-	63	-	119.2o4	-
min m_F	156	-	-14.486	-	156	-	96.68o	-
mind m_F	1o5	-	-	-	1o5	-	-	-
min m_{St}	11o	-24.885	-31.174	-24.885	11o	166.o8o	133.44o	166.o8o
max m_{St}	76	-	- 7.736	-	76	-	51.63o	-
mind m_{StR}	115	-24.799	-	-24.794	115	165.475	-	165.475

Ansätze siehe Seite 168

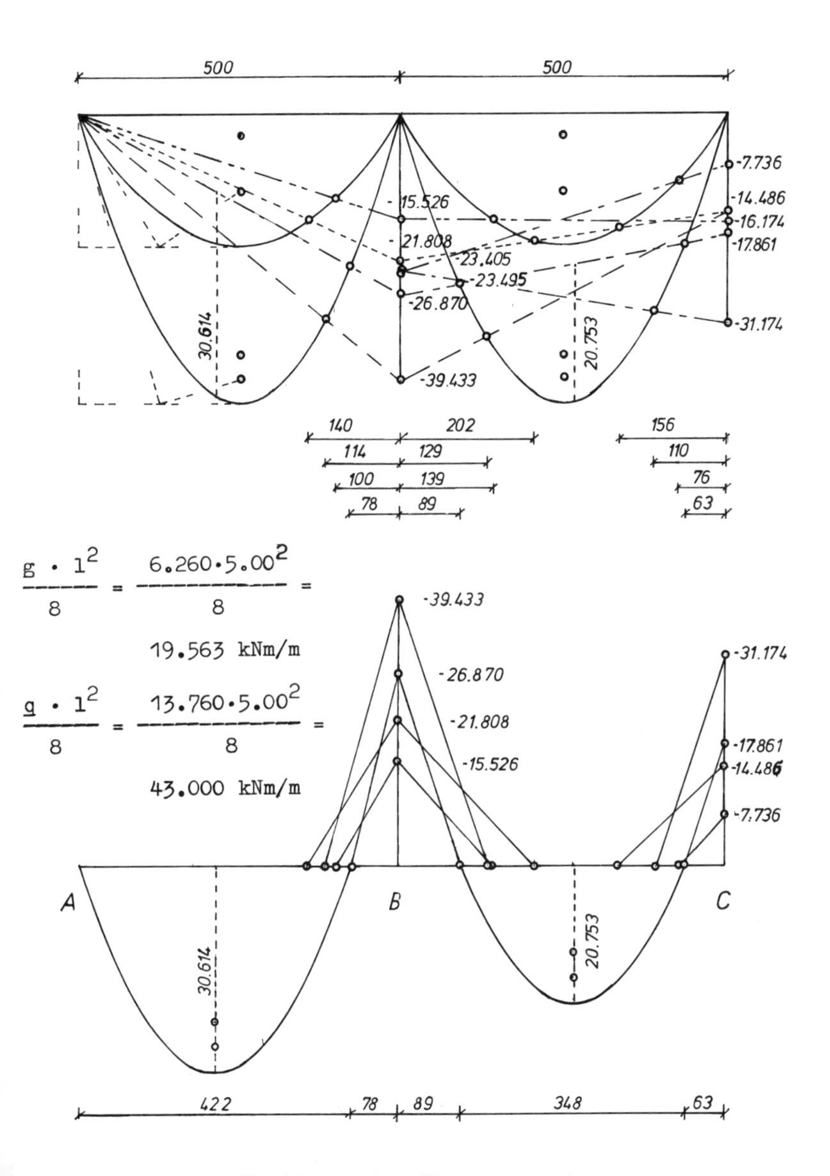

Abildung 22 Ermitteln der Biegemomente

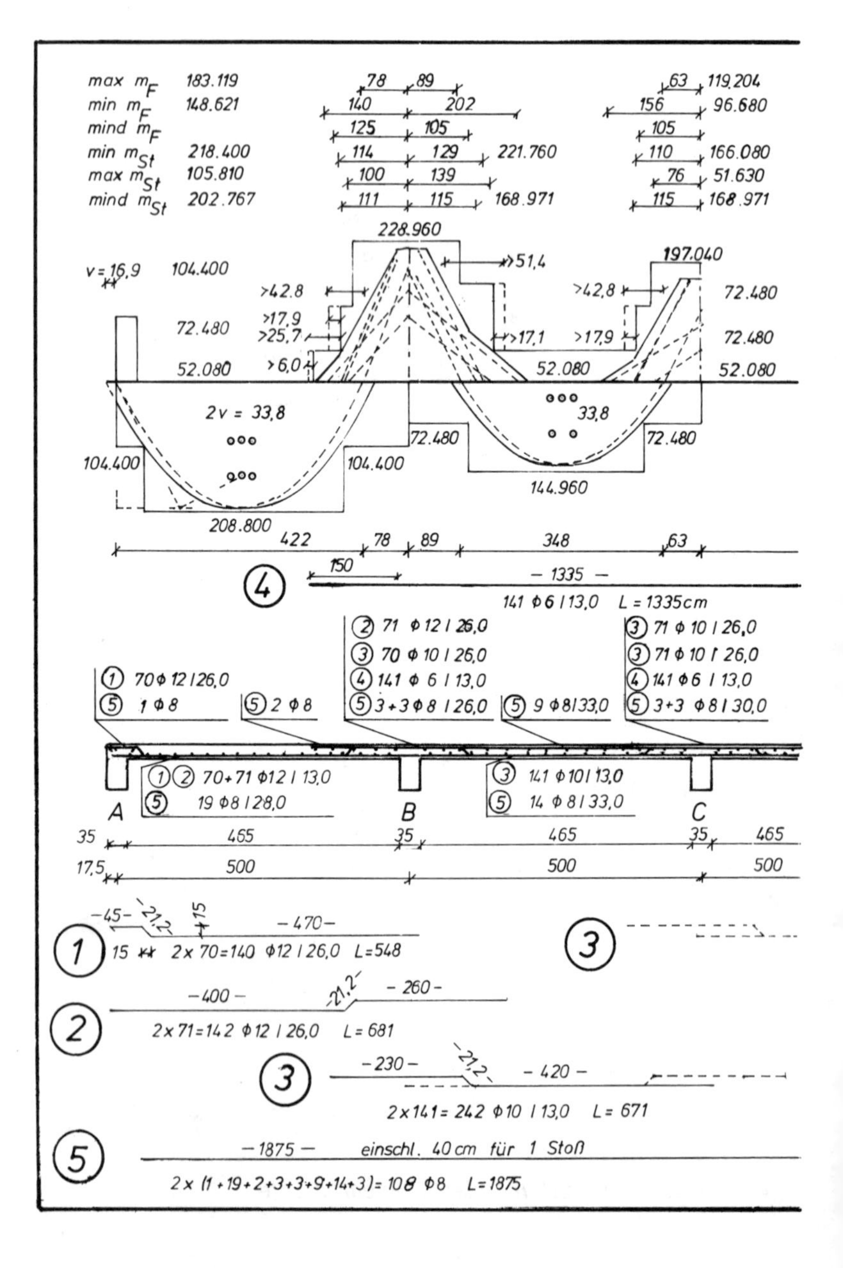
max mF 183.119
min mF 148.621
mind mF
min mSt 218.400
max mSt 105.810
mind mSt 202.767
78 89
140 202
125 105
114 129 221.760
100 139
111 115 168.971
63 119.204
156 96.680
105
110 166.080
76 51.630
115 168.971
228.960
197.040
v = 16,9
104.400
>51,4
>42.8
>17,9
>25,7
>6,0
>17,1
>42,8
>17,9
72.480
52.080
2v = 33,8
33,8
104.400
72.480
144.960
208.800
422
78
89
348
63
150
– 1335 –
141 Φ6 / 13,0 L = 1335cm
① 70Φ 12 / 26,0
⑤ 1 Φ 8
⑤ 2 Φ 8
② 71 Φ 12 / 26,0
③ 70 Φ 10 / 26,0
④ 141 Φ 6 / 13,0
⑤ 3 + 3 Φ 8 / 26,0
⑤ 9 Φ 8/33,0
③ 71 Φ 10 / 26,0
③ 71 Φ 10 / 26,0
④ 141 Φ 6 / 13,0
⑤ 3+3 Φ 8 / 30,0
①② 70 + 71 Φ12 / 13,0
⑤ 19 Φ8 / 28,0
③ 141 Φ10 / 13,0
⑤ 14 Φ 8 / 33,0
A
B
C
35
465
35
465
35
465
17,5
500
500
500
–45–
21,2
15
– 470 –
15
2 x 70 = 140 Φ12 / 26,0 L = 548
–400–
21,2
– 260 –
2 x 71 = 142 Φ 12 / 26,0 L = 681
– 230 –
21,2
– 420 –
2 x 141 = 242 Φ10 / 13,0 L = 671
– 1875 – einschl. 40 cm für 1 Stoß
2 x (1 + 19 + 2 + 3 + 3 + 9 + 14 + 3) = 108 Φ8 L = 1875

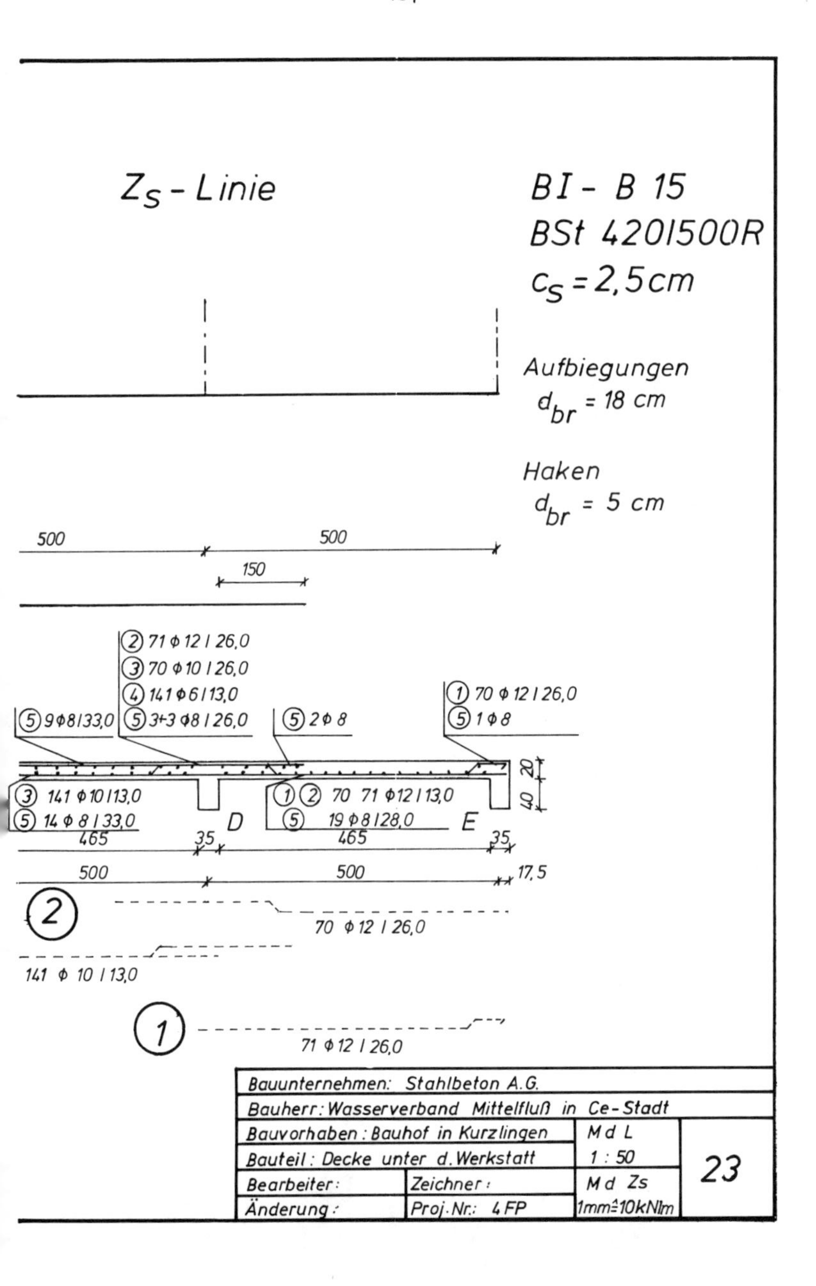

Zs - Linie
BI - B 15
BSt 420/500R
cs = 2,5 cm
Aufbiegungen
dbr = 18 cm
Haken
dbr = 5 cm
500
500
150
(2) 71 Φ 12 / 26,0
(3) 70 Φ 10 / 26,0
(4) 141 Φ 6 / 13,0
(5) 9 Φ 8 / 33,0
(5) 3+3 Φ 8 / 26,0
(5) 2 Φ 8
(1) 70 Φ 12 / 26,0
(5) 1 Φ 8
20
40
(3) 141 Φ 10 / 13,0
(5) 14 Φ 8 / 33,0
(1) (2) 70 71 Φ 12 / 13,0
(5) 19 Φ 8 / 28,0
D
E
465
35
465
35
500
500
17,5
(2)
70 Φ 12 / 26,0
141 Φ 10 / 13,0
(1)
71 Φ 12 / 26,0
Bauunternehmen: Stahlbeton A.G.
Bauherr: Wasserverband Mittelfluß in Ce-Stadt
Bauvorhaben: Bauhof in Kurzlingen
Bauteil: Decke unter d. Werkstatt
Bearbeiter:
Zeichner:
Änderung:
Proj.Nr.: 4 FP
Md L
1 : 50
Md Zs
1mm ≙ 10kN/m
23

Feld B - C

ohne Haken $\frac{\phi\ 6/13.o}{l_1 = 6.o\ cm}$

vorh a_s $\frac{\phi\ 12/26.o + 6/13.o}{4.35 \quad + \quad 2.17}$ cm^2/m

l_o = 51.4 cm

l_1 = 51.4 · 2.17/(4.35 + 2.17) = 17.1 cm

untere Bewehrung

l_4 = 7.2 cm (für ϕ 12)

Obere Bewehrung Lage I - l_1 da $d_s < \phi$ 16

Feld C - B und C - D — Auflager C

ohne Haken $\frac{\phi\ 6/13.o}{l_1 = 6.o\ cm}$

vorh a_s $\frac{\phi\ 1o/26.o + \phi\ 6/13.o}{3.o2 \quad + \quad 2.17}$

l_o = 42.8 cm

l_1 = 17.9 cm

untere Bewehrung ϕ 1o/26.o

l_4 = 7.2 cm (für ϕ 12)

$$Z_s = \frac{erf\ Z_{sBR}}{m_{BR}} \cdot m$$

Hilfswerte zum Zeichnen der Z_s - Linie

Auflager B

$$Z_{sB} = \frac{221.76o}{32.54o} \cdot m$$

Auflager C

$$Z_{sC} = \frac{166.o8o}{24.885} \cdot m$$

4.3.6. Einzellasten

4.3.6.1. Grundlagen für die Berechnung vonPlatten unter Einzellasten nach Paragraph 2o.1.4.

Einzelne Lasten als Punkt-, Linien- oder Rechtecklasten können ohne genaueren Nachweis nach dem folgenden Näherungsverfahren in der statischen Berechnung erfaßt werden:

Für die weitere Berechnung darf die Lasteintragungsbreite ' t ' in der Tragrichtung der Hauptbewehrung und senkrecht dazu in der Richtung der Querbewehrung nach Bild 44 angenommen werden.

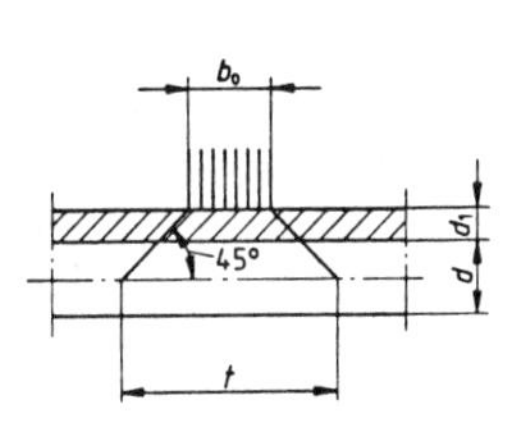

$$t = b_o + 2\,d_1 + d \qquad (33)$$

Darin bedeuten

b_o = Aufstandsbreite

d_1 = lastverteilende Deckschicht

d = Plattendicke

Bild 44 Lasteintragungsbreite

Das unter Berücksichtigung der Lasteintragungsbreite in Spannrichtung der Decke ermittelte Biegemoment darf auf eine 'mitwirkende Plattenbreite' verteilt werden, die nach den Gleichungen der Tabelle 2.1 bestimmt wird. Hierbei ist darauf zu achten, daß für das Feld-Moment, das Stütz-Moment und die Querkraft verschiedene Ansätze Gültigkeit haben.

$$m = \frac{M}{b_m}$$

$$q = \frac{Q}{b_m}$$

Darin bedeuten:

M und Q Schnittgrößen am Ersatzbalken (34)

m und q Schnittgrößen der mitwirkenden Platte bezogen auf einen Meter Breite (35)

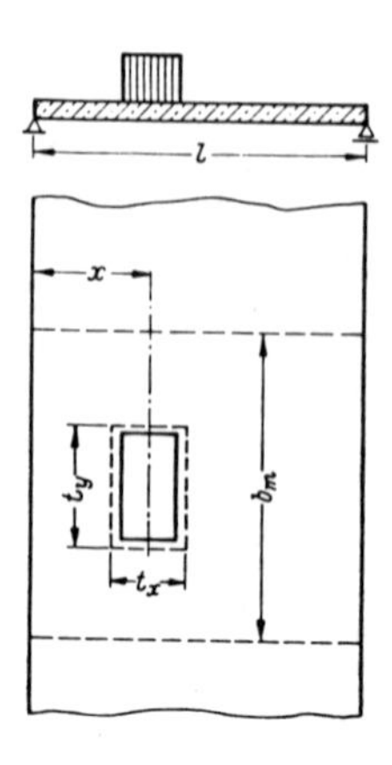

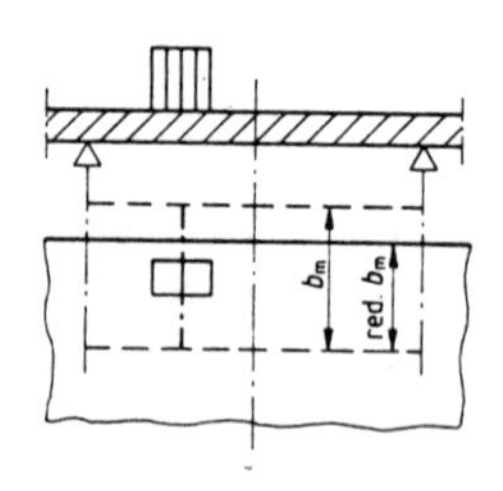

Bild 45 Mitwirkende Plattenbreite bei Lasten in Randnähe red b_m

Bilder 2.1 und 2.2./24o

Mitwirkende Plattenbreite

Die rechnerisch mitwirkende Breite darf jedoch nicht grösser angesetzt werden als die tatsächlich vorhandene, was besonders bei Lasten in der Nähe eines freien Randes zu beachten ist.

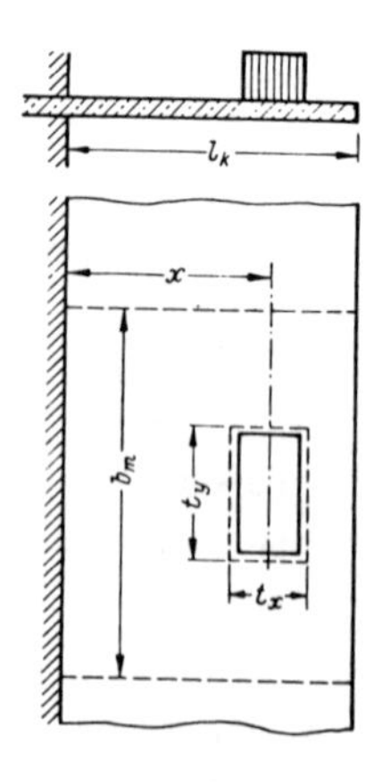

In den Bildern bedeuten

l = Stützweite der Platte

l_k = Kragweite der Platte

b_m = mitwirkende (rechnerische) Plattenbreite

x = Abstand des Lastschwerpunktes vom Auflager

t_x = Lasteintragungsbreite in der x-Richtung

t_y = Lasteintragungsbreite in der y-Richtung

u = Ort des größten Feldmomentes

	1	2	3		
	Statisches System Schnittgröße	Rechnerische Last - verteilungsbreite b_m	Gültigkeitsgrenzen bzw. Größtwerte für x	t_y	t_x
1	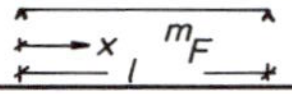 m_F	$t_y + 2{,}5 \cdot x \cdot (1 - x/l)$	$0 < x < l$	$0{,}8\ l$	l
2	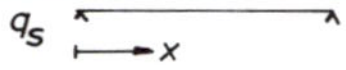 q_s	$t_y + 0{,}5 \cdot x$	$0 < x < l$	$0{,}8\ l$	l
3	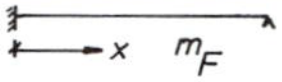 m_F	$t_y + 1{,}5 \cdot x \cdot (1 - x/l)$	$0 < x < l$	$0{,}8\ l$	l
4	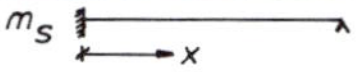 m_s	$t_y + 0{,}5 \cdot x \cdot (2 - x/l)$	$0 < x < l$	$0{,}8\ l$	l
5	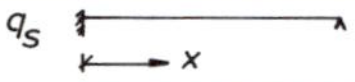 q_s	$t_y + 0{,}3 \cdot x$	$0{,}2\ l < x < l$	$0{,}4\ l$	$0{,}2\ l$
6	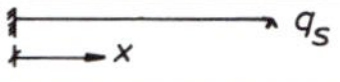 q_s	$t_y + 0{,}4 \cdot (l - x)$	$0 < x < 0{,}8\ l$	$0{,}4\ l$	$0{,}2\ l$
7	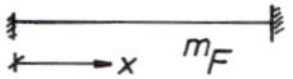 m_F	$t_y + x \cdot (1 - x/l)$	$0 < x < l$	$0{,}8\ l$	l
8	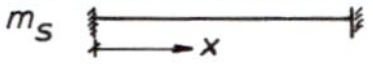 m_s	$t_y + 0{,}5 \cdot x \cdot (2 - x/l)$	$0 < x < l$	$0{,}4\ l$	l
9	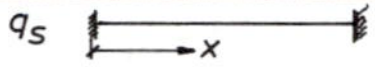 q_s	$t_y + 0{,}3 \cdot x$	$0{,}2\ l < x < l$	$0{,}4\ l$	$0{,}2\ l$
10	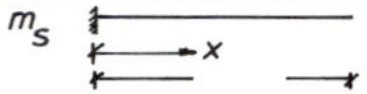 m_s	$t_y + 1{,}5 \cdot x$	$0 < x < l_k$	$0{,}8\ l_k$	l_k
11	 q_s	$t_y + 0{,}3 \cdot x$	$0{,}2\ l_k < x < l_k$	$0{,}4\ l_k$	$0{,}2\ l_k$

Tabelle 2.1/24o Rechnerische Lastverteilungsbreite

Die zusätzliche, durch die Einzel- oder Streckenlast bedingte Bewehrung ist auf eine Breite von

$$b = 0.5 \cdot b_m \geqq t_y$$

zu verteilen. Die Breite b_m ist nach der Tabelle 2.1/24o zu bestimmen. Nach Paragraph 2o.1.6.3. ist unter Einzel- oder Streckenlasten immer, auch bei Kragplatten, an der Unterseite eine Querbewehrung vorzusehen. Die Querbewehrung muß mindestens 6o o/o des Bewehrungsanteiles betragen, den die Einzel- oder Streckenlast erfordert, bezogen auf einen Meter Plattenlänge bzw. -breite. Die Länge 'l_q' der Zusatz-Querbewehrung muß

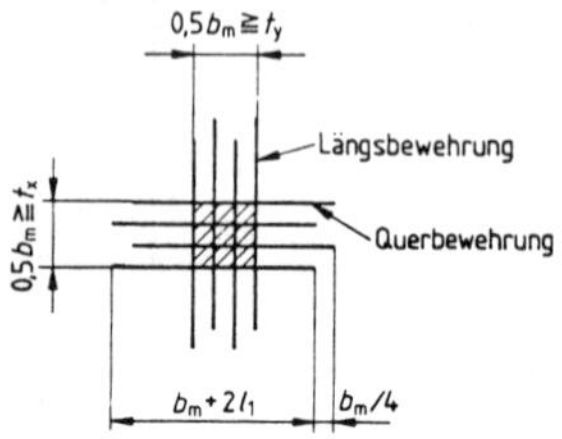

Bild 47 Zusätzliche Bewehrung unter einer Einzellast

$$l_q = b_m + 2 \cdot l_1 \qquad (37)$$

betragen. 'l_1' ist die Verankerungslänge nach (22), die sich aus der Verankerungslänge l_o nach Gleichung (21) berechnen läßt. Angebogene Haken dürfen berücksichtigt werden. Zum besseren Verteilen der Belastung darf die zusätzliche Querbewehrung um das Maß $l_q/8$ nach links und rechts abwechselnd versetzt werden.

Nach Paragraph 22.5. ist bei Einzel-Lasten die Sicherheit gegen Durchstanzen zu untersuchen. Dabei ist die rechnerische Schubspannung τ_R in einem Schnitt um die Einzel-Last herum nachzuweisen.

$$\tau_R = \frac{\max Q_R}{u \cdot h_m} \qquad (38)$$

Darin bedeuten:

$\max Q_R$	größte Auflagerkraft der Einzellast F
u	u_o , der Umfang eines um die Aufstandsfläche der Einzellast geführten Rundschnittes mit dem Durchmesser $d_{st} + h_m$
d_{st}	bei einer kreisförmigen Aufstandsfläche gleich deren Durchmesser, bei einer rechteckigen Aufstandsfläche $1.13 \sqrt{b \cdot d}$, wenn b und d die Seitenlängen sind. Vorausgesetzt wird dabei, daß die größere Seite höchstens 1.5 mal so groß wie die kleinere ist, ist sie größer, darf nur der 1.5 fache Betrag der kleineren in Rechnung gestellt werden.
h_m	mittlere Nutzhöhe aus h_x und h_y, den Nutzhöhen in der x und der y-Richtung.

Die Formel (38) läßt sich dann für Einzel-Lasten mit rechteckiger Aufstandsfläche schreiben:

$$\tau_R = \frac{10 \cdot F}{\pi \cdot (1.13 \cdot \sqrt{(b_{ox} + 2d_1) \cdot (b_{oy} + 2d_1)} + h_m) \cdot h_m}$$

In dieser Formel sind anzusetzen:

τ_R (N/mm^2)

F (kN)

b_o , d_1, h_m (cm)

Die so ermittelten Schubspannungen müssen kleiner sein als

$$\tau_{R1} = \kappa_1 \cdot \tau_{o11} \quad \text{bzw.} \; \tau_{R2} = \kappa_2 \cdot \tau_{o2} \qquad (41)$$

Für τ_{o11} und τ_{o2} sind die Werte Tabelle 13 auf Seite 120 anzusetzen. Werden die zulässigen Spannungen $\kappa_1 \cdot \tau_{o11}$ nicht überschritten, so ist eine ausreichende Sicherheit gegen Durchstanzen gegeben, und eine zusätzliche Bewehrung ist nicht erforderlich. Bis zu einer Schubspannung von $\kappa_2 \cdot \tau_{o2}$ ist eine Schubbewehrung vorzusehen, doch sollte man versuchen, die Abmessungen der Platte so zu wählen, daß eine Schubbewehrung nicht erforderlich wird.

$$\kappa_1 = 1.3 \cdot \alpha_s \cdot \sqrt{\mu_g (\text{o/o})}$$

$$\kappa_2 = \text{o}.45 \cdot \alpha_s \cdot \sqrt{\mu_g (\text{o/o})}$$

α_s = 1.o bei BSt 22o/34o

1.3 bei BSt 42o/5oo

1.4 bei BSt 5oo/55o

$$\mu_g = \frac{a_{sx} + a_{sy}}{2 \cdot h_m} \; (\text{o/o}) \; \leqq 25 \cdot \beta_{WN} / \beta_S \; \leqq 1.5 \; (\text{o/o})$$

4.3.6.2. Statische Berechnung einer Einfeld-Platte mit einer Einzellast.

Unter Berücksichtigung aller, hier nicht im Einzelnen aufgeführten Bestimmungen, werden die folgenden Annahmen getroffen:

Beton B 25

Stahl BSt 42o/5oo R K

C_s = 2.o cm

75

275 275

550

Lastannahmen

3 cm Zement-Estrich (7.9.3.)

3 · o.22 — o.66o kN/m^2

22 cm Stahlbeton-Platte

22 · 25/1oo (7.4.1.5.) — 5.5oo kN/m^2

g = 6.16o kN/m^2

p = 5.ooo kN/m^2

q = 11.16o kN/m^2

Einzellast auf einem Sockel von o.75 x o.5o m^2

$$F = 15.ooo \text{ kN}$$

Platte

Momentenermittlung

$$m = \frac{11.16o \cdot 5.5o^2}{8} = 42.199 \text{ KNm/m}$$

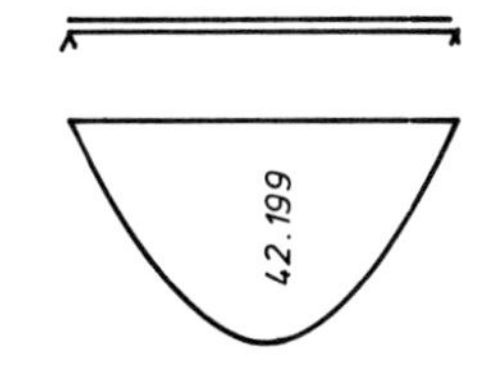

$$q_A = 11.16o \cdot 5.5o / 2 = 3o.69o \text{ KN/m}$$

Auf die Fläche des Sockels entfällt die anteilige Nutzlast von 5.ooo KN/m^2, die wegen Geringfügigkeit bei der Momentenermittlung infolge der Einzellast nicht abgezogen wird.

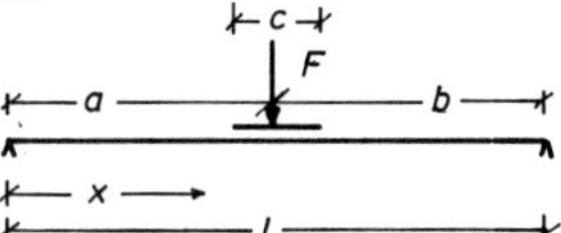

Einzellast

$$t_x = 75 + 2 \cdot 3 + 22 = 1o3 \text{ cm}$$
$$t_y = 5o + 2 \cdot 3 + 22 = 78 \text{ cm}$$

$$\max M = \frac{F \cdot a \cdot b \cdot (2 \cdot 1 - c)}{2 \cdot 1^2}$$

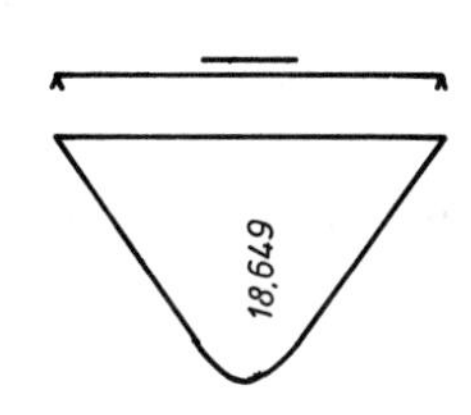

In dieser Formel ist in diesem Beispiel
$a = b = l / 2 = 5.5o /2 = 2.75$ m und
$c = t_x =$ 1.o3 m

$$\max M = \frac{15.ooo \cdot 2.75 \cdot 2.75 \cdot (2 \cdot 5.5o - 1.o3)}{2 \cdot 5.5o^2} =$$

$$= 18.694 \text{ kNm}$$

$$Q_A = 15.ooo/2 = 7.5oo \text{ kN}$$

Für das Biegemoment ist

Mitwirkende Breite

$$b_m = t_y + 2.5 \cdot x \cdot (1 - x/1)$$
$$= o.78 + 2.5 \cdot 2.75 \cdot (1 - 2.75/5.5o) =$$
$$= o.78 + 3.44 = 4.22 \text{ m}$$

Für die Querkraft ist

$b_m = t_y + 0.5 \cdot x$
$= 0.78 + 0.5 \cdot 2.75 =$
$= 0.78 + 1.38 = 2.16$ m

Die zulässigen Grenzen sind in beiden Fällen

$0 < x = 2.75 < l = 5.50$ m
$t_y = 0.78 < 0.8 \cdot 5.50 = 4.40$ m
$t_x = 1.03 < l = 5.50$ m

Bemessung Platte ohne Einzellast

gesch $d_{sl} = \phi 12$ mm
vorh $h = 22.0 - 1.2/2 - 2.0 = 19.4$ cm
$k_h = 19.4/\sqrt{42.199} = 2.99$
$k_s = 4.6 \quad k_x = 0.23 \quad k_z = 0.92$

erf $a_s = 4.6 \cdot 42.199/19.4 = 10.01$ cm^2/m

$$g/q = \frac{6.160}{11.160} \leqq 0.7$$

folgt für r = 50 nach Tabelle 15 Seite 115

max $d_{sl} = \phi$ 12
max $s_1 = 15 + 22 / 10 = 17.2$ cm
gew a_{sl} ϕ 12 / 11.0 mit 10.28 cm^2/m
erf $a_{sq} = 2.06$ cm^2/m
gew a_{sq} ϕ 8 / 24.0 mit 2.10 cm^2/m

Platte mit Einzellast

Das Moment aus der Einzellast kann auf eine Breite von 4.22 m verteilt werden

$m_F = 18.694 / 4.22 = 4.430$ kNm/m
$k_h = 19.4/\sqrt{42.199 + 4.430} = 2.84$
$k_s = 4.6 \quad k_x = 0.25 \quad k_z = 0.91$
erf $a_s = 4.6 \cdot 42.199 / 19.4 +$
$4.6 \cdot 18.694 / (19.4 \cdot 0.5 \cdot 4.22) =$
$= 10.01 + 2.10 = 12.11$ cm^2/m

Unter Berücksichtigung der bereits vorhandenen Bewehrung ø 12/11.o mit 1o.28 cm^2/m ist eine zusätzliche Bewehrung auf 4.22/2 = 2.11 m von 12.11 - 1o.28 = 1.83 cm^2/m erforderlich.

gew a_{sl} = ø 12/9.o mit 12.57 cm^2/m

erf zus a_{sq} = o.6o · 2.1o = 1.26 cm^2/m

gew zus a_{sq} ø 8/24.o mit 2.1o cm^2/m

Die Länge der Querbewehrung beträgt

l_q = 422 + 2 · 26.7 = 475.4 cm

Die Querbewehrung wird um das Maß 422/8 = 53 cm nach links und rechts versetzt. - Vergl. Bild 47 auf Seite 172

q_A = 3o.69o + 7.5oo/2.16 = 3o.69o + 3.472 = 34.162 kN/m

$$\text{vorh } \tau_o = \frac{0.10 \cdot 34.162}{19.4 \cdot 0.91} = 0.194 \text{ N/mm}^2$$

zul τ_{o11a} = o.35 N/mm^2

Sicherheit gegen Durchstanzen

d_s = $1.13 \cdot \sqrt{(75 + 2 \cdot 3) \cdot (50 + 2 \cdot 3)}$ = 76.1 cm

h_x = 22.o - 1.2/2 - 2.o = 19.4 cm

h_y = 19.4 - 1.2/2 - o.8/2 = 18.4 cm

h_m = (19.4 + 18.4)/2 = 18.9 cm

d_R = 76.1 + 18.9 = 95.o cm

u_o = π · 95.o = 298.4 cm

$$\tau_R = \frac{10 \cdot 15.000}{298.4 \cdot 18.9} = 0.027 \text{ N/mm}^2$$

$$\mu_g = \frac{12.57 + (2.10 + 2.10)}{2 \cdot 18.9} = 0.444 \text{ o/o}$$

$$\text{zul}\tau_{R1} = 1.3 \cdot 1.3 \cdot \sqrt{0.444} \cdot 0.35 = 0.394 \text{ N/mm}^2$$

4.4. Zweiachsig gespannte Platten

4.4.1. Allgemeine Bedingungen und konstruktive Ausbildung

Bei einachsig gespannten Platten müssen 2o o/o der Tragbewehrung als Querbewehrung verlegt werden. Diese Querbewehrung hat - ohne besonderen Nachweis - die Aufgabe, den Zusammenhang der Platte senkrecht zur Spannrichtung zu garantieren und eine örtliche Überbeanspruchung auf die benachbarten Plattenteile zu verteilen. Es liegt deshalb der Gedanke nahe, eine Konstruktion zu finden, bei der der Beton und der Stahl in beiden Richtungen - kurz mit dem Index 'x' oder 'y' bezeichnet - belastet wird, und zwar so, daß es sich in der Statischen Berechnung nachweisen läßt. Die Folge einer solchen Konstruktion wäre ein erhebliches Einsparen an Platten-Dicke und Bewehrung. Für die Anwendung zweiachsig gespannter Platten bieten sich Platten an, die an drei oder vier Rändern mit oder ohne Einspannung unterstützt sind, aber auch Platten, die nur an zwei benachbarten Rändern aufliegen.

Die Berechnung erfolgt mit Hilfe von Näherungs-Lösungen, zum Beispiel durch Aufteilen der Platte in senkrecht zu einander laufende Streifen, die anteilig so belastet werden, daß bestimmte Platten-Punkte - die Platten-Mitte oder die freie Ecke - die gleiche Durchbiegung haben. Diese Ansätze haben den Nachteil, daß sie nur für einzelne Punkte gültig sind und die entlastende Wirkung der Schubspannungen, die an den Rändern der Streifen auftreten, nicht erfassen. Außerdem wird die Querdehnungs-Zahl ' μ ' , die mit o.2o anzusetzen ist, nicht berücksichtigt. Die Schubspannungen in der Fuge zwischen den Plattenstreifen bewirken Drill-Momente, die die Biegemomente im Platten-Feld stark entlasten. Da diese Drill-Momente nicht mit Hilfe der Näherungs-Lösung berechnet werden können, sind sie durch einen weiteren Ansatz, z.B. nach Markus zu bestimmen. Es zeigt sich bei einer genauen Berechnung, daß die Drill-Momente hauptsächlich an Ecken in nennenswerter Größe auftreten, an denen zwei frei drehbar gelagerte Platten-Ränder ohne Einspannung oder Durchlaufwirkung zusammentreffen. Die Berechnung der Platten geht davon aus, daß die Ränder der Platte immer in Höhe der Auflagerlinie bleiben. Wird durch die Konstruktion - z.B. biegesteifer Verbund zwischen Platte und unterstützenden Stahlbeton-Balken - ein Abheben der Platte vom Auflager verhindert, so braucht keine besondere Bewehrung für die Drill-Momente verlegt werden. Eine Auflast in der Ecke von mindestens 1/16 der gesamten Last der Platte oder eine Durchlauf-Wirkung in einer Richtung verhindern nach Paragraph 2o.1.5. auch ein Abheben.

Im allgemeinen verwendet man zum Berechnen der Feld- und Stütz-Momente von Stahlbeton-Platten Tabellen-Werke, die auf der Elastizitäts-Theorie aufbauen. Die genaue Auswertung der partiellen Differential-Gleichung

$$\frac{E \cdot J_x}{(1-\mu^2)} \cdot \frac{\delta^4 w}{\delta x^4} + \frac{2\,E}{(1-\mu^2)} \cdot \sqrt{J_x \cdot J_y} \cdot \frac{\delta^4 w}{\delta x^2 \delta y^2} + \frac{E \cdot J_y}{(1-\mu^2)} \cdot \frac{\delta^4 w}{\delta y^4} = -\,p$$

ergibt Biegemomente, die bei den oben angeführten Voraussetzungen richtige Werte liefert. In den folgenden Fällen sind die nach der Elastizitäts-Theorie ermittelten Schnittgrößen nach Paragraph 2o.1.5. 'angemessen' zu erhöhen:

1. Wenn die Ecken nicht gegen Abheben gesichert sind

   oder

2. wenn die Ecken, an denen zwei frei drehbar gelagerte Ränder zusammenstoßen, keine Eckbewehrung eingelegt wird.

3. Wenn Aussparungen in den Ecken vorhanden sind, die die Drillsteifigkeit wesentlich beeinträchtigen.

Würde man diese Maßnahmen nicht ergreifen, könnten die Spannungen infolge der Drill-Momente nicht von der Platte aufgenommen werden und die entlastende Wirkung würde entfallen.

Nach Paragraph 2o.1.6.2. darf der Abstand der Bewehrungsstäbe in der weniger beanspruchten Richtung nicht größer sein als

$$s_q = 2 \cdot d \leq 25 \text{ cm}$$

Wird der Verlauf der Biegemomente senkrecht zu der betrachteten Richtung nicht genauer nachgewiesen - also z.B. die Verteilung der Momente in der X-Richtung längs eines Schnittes in der Y-Richtung - so darf in einem Randstreifen von der Breite c = o.2 · min l die parallel zum unterstützenden Rande verlaufende Bewehrung auf die Hälfte des Größtwertes der gleichlaufenden Feld-Bewehrung vermindert werden.

Im übrigen gelten für die zweiachsig gespannten Platten, sofern nicht ausdrücklich etwas anderes vermerkt wird, die gleichen Bedingungen und Regeln wie bei den einachsig gespannten Platten.

4.4.2. Vierseitig gelagerte Platten

4.4.2.1. Mindest-Nutzhöhe nach Paragraph 17.7.2.

Die Mindest-Nutzhöhe zweiachsig gespannter vierseitig gelagerter Platten wird nach dem Ansatz

$$\min h = \min l_i / 35$$

bestimmt. Zulässig ist die kleinere von den beiden Nutzhöhen in der X- oder Y-Richtung.

4.4.2.2. Ermittlung der Schnittgrößen 2o.1.5.

Die Stützkräfte vierseitig gelagerter Platten mit zweiachsiger Spannrichtung dürfen zur Belastung der unterstützenden Balken nach Bild 46 ermittelt werden.

Bild 46 Lastverteilung zur Ermittlung der Stützkräfte

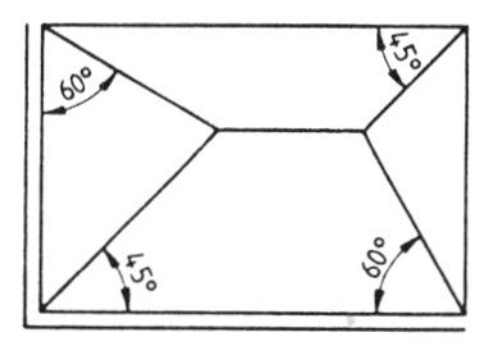

Wegen des Tragverhaltens der zweiachsig gespannten, vierseitig gelagerten Platten ist ihr Einsatz wirtschaftlich nur zu vertreten, wenn die Seitenverhältnisse der längeren zu den kürzeren Seiten höchstens wie 2 : 1 sind. Bei größeren Seitenverhältnissen empfiehlt es sich, die Platte in zwei dreiseitig gelagerte Platten an den Rändern und in der Mitte eine zweiseitig gelagerte, einachsig gespannte Platte aufzuteilen.

In den heute üblichen Tabellen wird die kleinere Seite einer Platte mit 'l_x' und die längere mit 'l_y' bezeichnet. Das Seitenverhältnis wird mit 'ε' bezeichnet.

$$\varepsilon = \frac{l_y}{l_x} \geqq 1$$

$$1 \leqq \varepsilon \leqq 2$$

Die Biegemomente werden im allgemeinen nach dem Ansatz

$$m = p \cdot l_x^2 / k$$

ermittelt, doch gibt es auch Tafeln mit anderen Ansätzen.

In den im Paragraph 2o.1.5. auf Seite 179 aufgeführten Fällen sind die Feld-Momente 'angemessen' zu erhöhen. Die Biegemomente der Platten sind dann mit den in der Tafel 23 auf Seite 182 angegebenen Faktoren zu muliplizieren.

In der Statik wird gezeigt, daß bei einachsig gespannten Tragwerken mit - annähernd - gleichen Stützweiten und feldweise gleichmäßig verteilten Streckenlasten die Stütz-Momente

l_y / l_x	ε	1.oo	1.o5	1.1o	1.15	1.2o	1.25	1.3o	1.35	1.4o	1.45	1.5o
1	k	1.35	1.35	1.35	1.34	1.32	1.31	1.29	1.28	1.26	1.24	1.23
2.1	k_x	1.2o	1.21	1.23	1.25	1.26	1.27	1.28	1.29	1.29	1.29	1.29
	k_y	1.25	1.26	1.27	1.28	1.29	1.29	1.29	1.28	1.28	1.28	1.27
2.2	k_x	1.25	1.24	1.22	1.21	1.19	1.18	1.16	1.15	1.14	1.13	1.12
	k_y	1.2o	1.17	1.15	1.14	1.13	1.12	1.11	1.11	1.1o	1.o9	1.o8
4	k	1.15	1.15	1.15	1.15	1.14	1.14	1.13	1.13	1.12	1.11	1.11
	ε	1.5o	1.55	1.6o	1.65	1.7o	1.75	1.8o	1.85	1.9o	1.95	2.oo
1	k	1.23	1.22	1.2o	1.19	1.18	1.17	1.15	1.15	1.14	1.13	1.12
2.1	k_x	1.29	1.29	1.29	1.29	1.28	1.28	1.27	1.26	1.25	1.24	1.23
	k_y	1.27	1.26	1.25	1.24	1.23	1.22	1.2o	1.19	1.18	1.17	1.17
2.2	k_x	1.12	1.11	1.1o	1.1o	1.1o	1.o9	1.o8	1.o8	1.o8	1.o7	1.o6
	k_y	1.o8	1.o8	1.o7	1.o7	1.o7	1.o6	1.o6	1.o6	1.o6	1.o5	1.o5
4	k	1.11	1.1o	1.1o	1.o9	1.o9	1.o8	1.o8	1.o8	1.o7	1.o7	1.o6

Tafel 23 Beiwerte zum 'angemessenen Erhöhen der Feldmomente' bei zweiachsig gespannten Platten für μ = O nach Paragr. 2o.1.5.

für die maximalen und die minimalen Feld-Momente mit einer Belastung von q' = g + p/2 berechnet werden können. Die Feld-Momente ergeben sich, wenn man zu den Momenten infolge q' die Momente eines Einfeld-Trägers, beidseitig gelagert und ohne Einspannmoment, mit einer Belastung von q'' = ± p/2 addiert. Belastet man einen Träger mit gleichen Feldweiten und einer feldweisen Belastung von p von oben nach unten wirkend und im Nachbar-Feld von unten nach oben wirkend, und abwechselnd so weiter, so hat dieser Träger Stütz-Momente, die Null sind. Die Aufteilung der Lasten einer zweiachsig gespannten Platte in

q' = g + p / 2

q'' = p / 2

ist demnach gerechtfertigt. Die Aufteilung der Lasten in q' und q'' bei durchlaufenden Platten ist aber nur zulässig, wenn in der Durchlaufrichtung

min l ≧ o.75 · max l

ist. Unter dieser Voraussetzung können die Platten für q' entsprechend der Lagerung der Einzel-Platte berechnet werden. Dazu werden die Momente aus dem Lastfall ± p / 2 bei freier Drehbarkeit der Platte ohne Einspannung an den Auflagern addiert. Damit hat man die maximalen oder minimalen Feld-Momente. Ein Vermindern der Nutzlast in den benachbarten Feldern beim Bestimmen der minimalen Feld-Momente, wie es bei einachsig gespannten Platten zulässig ist, wird bei zweiachsig gespannten Platten ausgeschlossen. Trägt man das Belastungsbild auf, sind die belasteten und unbelasteten Felder schachbrettartig verteilt.

Belastung aller Felder nach Stützung 2 bis 6 mit q' und aller Felder nach Stützung 1 mit ± q''

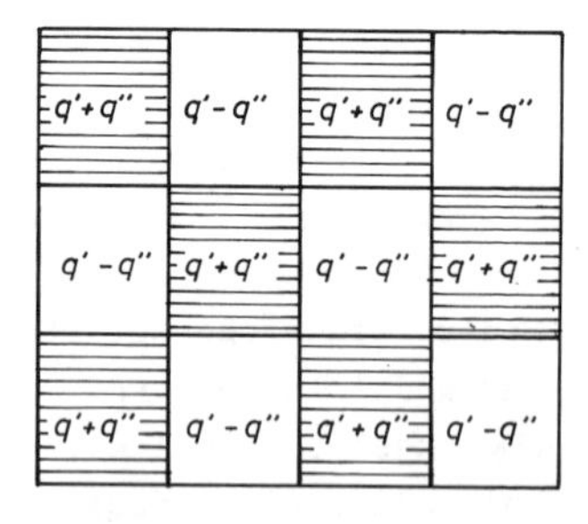

Abbildung 24 Lastverteilung für die Feld-Momente

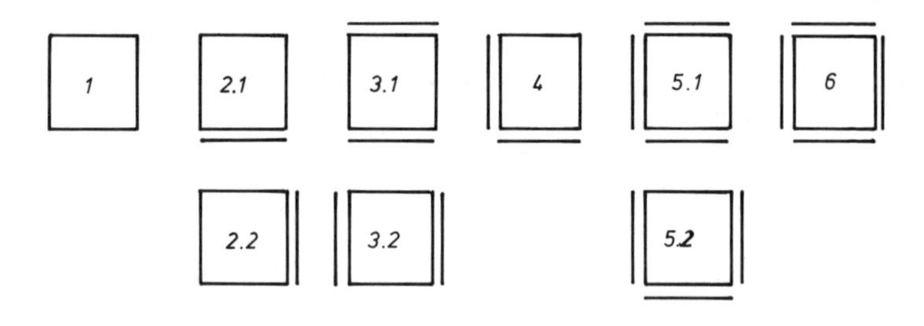

Abbildung 25 Mögliche Stützungsarten vierseitig gelagerter Platten

Um die minimalen und maximalen Stütz-Momente zu erhalten, werden wieder alle Felder mit q' belastet und dafür die Stütz-Momente bestimmt. Dazu kommt der Belastungsfall + q'' mit der Stützungsart 2.1 oder 2.2 je nachdem das Stütz-Moment in der X- oder Y-Richtung der Platte bestimmt werden soll.

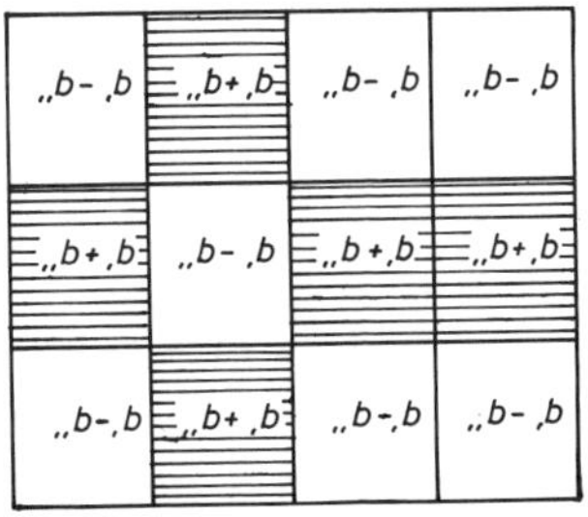

„b- ‚b	„b+ ‚b	„b- ‚b	„b- ‚b
„b+ ‚b	„b- ‚b	„b+ ‚b	„b+ ‚b
„b- ‚b	„b+ ‚b	„b- ‚b	„b- ‚b

Belastung aller Felder nach Stützung 2 bis 6 mit q' und zwei benachbarte Felder mit q'' nach Stützung 2.1.oder 2.2

Abbildung 26 Lastverteilung für die Stütz-Momente

Trägt man die Stütz-Momente einer Untersützung auf, so wird in den seltensten Fällen das Stütz-Moment der links angrenzenden Platte genau so groß sein, wie das der rechts angrenzenden. In diesem Falle darf man die Stütz-Momente für die weitere Berechnung mitteln. Sind die Unterschiede zu groß, so setzt man mindestens 75 o/o des kleineren Stützmomentes an. Das kleinere Stütz-Moment ist das mit einem ' - ' -Vorzeichen versehene zahlenmäßig größere Stütz-Moment.

$$m_M = \frac{m_l + m_r}{2} \leqq o.75 \cdot \min m$$

Weichen die Stützweiten in der betrachteten Richtung mehr voneinander ab, als es nach Seite 183 zulässig ist, so kann man die Stütz-Momente für die einzelnen Lagerungs- und Belastungsfälle für jede Platte einzeln ermitteln und sie dann mit Hilfe eines Iterations-Verfahrens (z.B. Cross, Kani) ausgleichen. Dann ist es jedoch unerläßlich, auch die Feld-Momente entsprechend zu korrigieren.

Ergeben sich bei der Berechnung die minimalen Feld-Momente in der X- oder Y-Richtung

$$m_m = \left(\frac{q'}{k_{zm}} - \frac{q''}{k_{1m}} \right) l_x^2 < 0$$

so ist es unter Umständen zweckmäßiger, die Plattendicke und damit q' soweit zu vergrößern, daß das Feld-Moment größer als 0 wird, als über das ganze Feld eine obenliegende Bewehrung für die negativen Feld-Momente zu verlegen. Die erforderliche Platten-Dicke folgt aus dem Ansatz

$$\boxed{g \geqq \frac{p}{2} \cdot \left(\frac{k_{zm}}{k_{1m}} - 1 \right)}$$

aus g kann die Platten-Dicke ermittelt werden.

In diesem Ansatz bedeuten

k_{1m} Faktor zum Bestimmen des Feld-Momentes für Platten mit der Stützung 1 Z = 1

k_{zm} Faktor zum Bestimmen des Feld-Momentes für Platten entsprechend der jeweiligen Lagerung der Platte (Stützung 2 bis 6 Z = 2 bis 6)

Bezeichnungen bei dem Verwenden von Tabellen-Fußzeigern beziehen sich auf

m Feld-Mitte - maximales Moment

e Ecke

erm Einspann - Rand - Mitte

rm End - Rand - Mitte

4.4.2.3. Momenten-Linien

Der Verlauf der Biegemomente einer zweiachsig gespannten Platte läßt sich nicht so einfach darstellen, wie bei stabförmigen Tragwerken. Da es sich hier um ein Flächentragwerk handelt, erhält man statt einer Momenten-Linie eine Momenten-Fläche. Die Darstellung könnte mit Hilfe von Linien gleicher Momenten-Größe, ähnlich den Höhenlinien einer Karte im Maßstab 1 : 25.ooo, erfolgen. Diese Art der Darstellung findet man in manchen Tabellen-Werken. Für den täglichen Gebrauch ist es einfacher, mit Näherungs-Darstellungen in der Art von Momenten-Linien zu arbeiten. Die heute üblichen Darstellungen hat Czerny erarbeitet, der auch die Rechenbeiwerte k für das Ermitteln der Biegemomente und Querkräfte von vierseitig gestützten Platten errechnet hat.

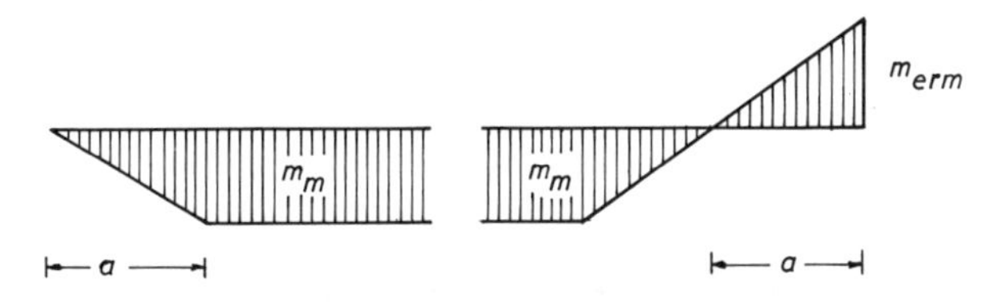

Auflagerung ohne — Auflagerung mit

Einspann - Moment

Abbildung 27 Umhüllende der Momentenflächen

$a = 0.20 \cdot l_x$	$a' = 0.25 \cdot l_x$
Normalfall	Ausnahmefall am mittleren eingespannten Rand nach Stützung 5

Durch Überlagern der so kontruierten Momentenlinien erhält man eine brauchbare Darstellung des idealisierten Verlaufes der Biegemomente in einem Schnitt von Mitte Auflager zu Mitte Auflager, die die Größtwerte der Biegemomente umhüllt.

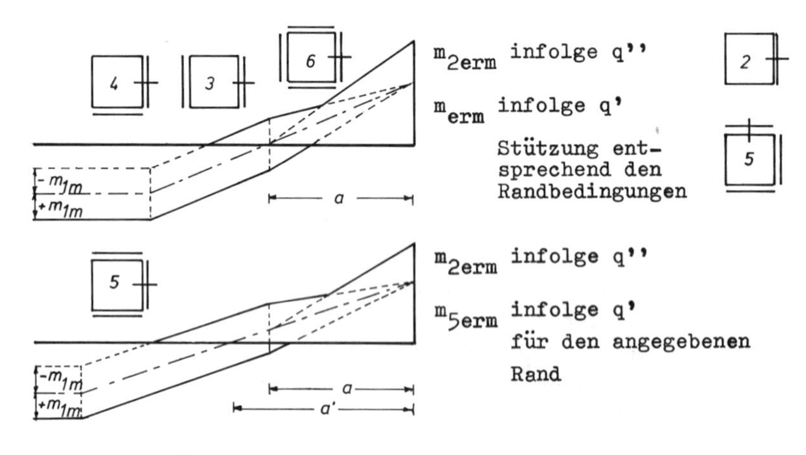

Abbildung 28 Verlauf der Biegemomente

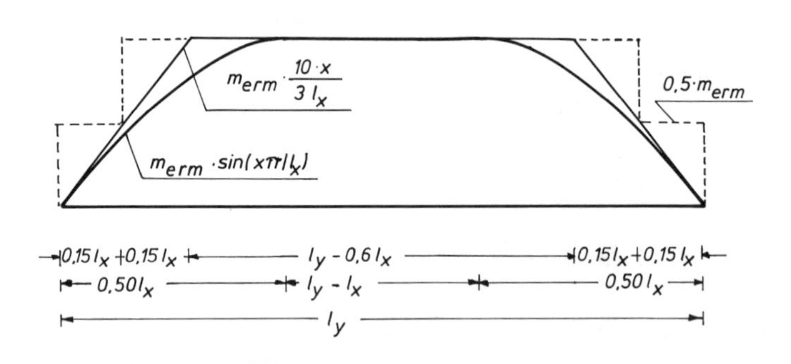

Abbildung 29 Verteilung der Einspann-Momente längs des unterstützenden Randes

Nach Czerny kann angenommen werden, daß alle an den Plattenrändern angreifenden Stütz-Momente in einem Bereich von $o.5o \cdot l_x$ entsprechend einer Sinus-Linie (Halbwelle) verlaufen. Aus dieser Annahme heraus kann der Verlauf der Momenten-Verteilung längs des unterstützenden Randes für das Ermitteln der Bewehrung durch ein Trapez ersetzt werden, dessen Eckpunkte bei $o.3o \cdot l_x$ liegen. Die Trapez-Seite ist die Tangente an die Sinus-Halbwelle im Endpunkt des unterstützenden Randes. Diese Tangenten schneiden die Parallele zur Momenten-Null-Linie im Abstande von m_{erm} in einer Entfernung $l_x \; / \; \pi \approx o.3o \cdot l_x$ vom Endpunkt der Unterstützung.

Unter der Annahme eines gradlinigen Verlaufes der Biegemomenten-Linie werden die Rand-Momente am Rande des unterstützenden Balkens nach dem Strahlensatz berechnet. In dem Falle der Ausnahme bei der Lagerung 5 erhält man auf diese Art und Weise ein etwas zahlenmäßig zu großes Moment, ein Ergebnis, das auf der sicheren Seite liegt. Aus der Abbildung 29 folgt

$$m_R = \frac{2 \cdot a - t}{2 \cdot a} \cdot m_M$$

Die Ansätze der Zusammenstellung auf der nächsten Seite gelten mit l_x sowohl in der X- als auch in der Y-Richtung.
'm_M' ist das minimale Stütz-Moment, gemittelt aus den beiden Voll-Einspann-Momenten bzw. 75 o/o des kleineren.
Für den Fall, daß zwei Platten mit $a = o.2o \cdot l_x$ und mit $a' = o.25 \cdot l_x$ eine gemeinsame Unterstützung haben, ist die Formel in der Mitte der Zusammenstellung angeschrieben. In den anderen Fällen ist das ausgerundete Stütz-Moment für gleiche Verhältnisse a bzw. a' links und rechts der Unterstützung unter den Formeln für die Rand-Momente angetragen.

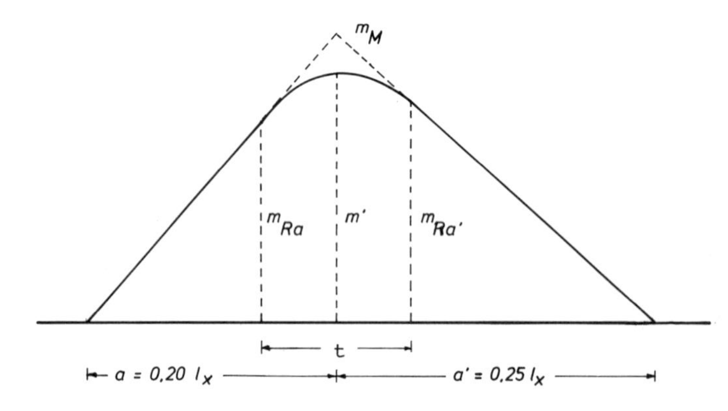

Abbildung 30 Biegemomente im Bereich der Auflager

$$m_{Ra} = \left(1-2.5 \cdot \frac{t}{l_x}\right) \cdot m_M \qquad m_{Ra'} = \left(1-2.o \cdot \frac{t}{l_x}\right) \cdot m_M$$

$$m_a' = \left(1-1.25 \cdot \frac{t}{l_x}\right) \cdot m_M \qquad m_{a'}' = \left(1-1.o \cdot \frac{t}{l_x}\right) \cdot m_M$$

$$m_{a-a'}' = \left(1-1.125 \cdot \frac{t}{l_x}\right) \cdot m_M$$

Die angenäherten Momenten-Null-Punkte für den Lastfall der minimalen Feld-Momente bestimmt man am einfachsten mit Hilfe der Momenten-Linien auf Seite 183 nach dem Strahlensatz.

$$m = 0 \text{ bei } x_1 = \left(1 - \frac{m_{1,m,q''}}{m_{M,q'}}\right) \cdot a$$

In dieser Formel bedeuten:

$m_{1,m,q''}$ Feld-Moment bei Stützung 1 für $q'' = p/2$

$m_{M,q'}$ Gemitteltes Stützmoment für $q' = g + p/2$

a $= o.2o \cdot l_x$ bzw. $o.25 \cdot l_x$

4.4.2.4. Bewehrungs-Hinweise

Die Feld-Bewehrung wird unter Beachten der Tabelle 23 auf Seite 112 und den Regeln auf den Seiten 110 und 111 bemessen und verlegt.

Die Stütz-Bewehrung über den unterstützenden Wänden oder Balken hat ihre Trag-Richtung senkrecht zum Auflager. Parallel zu der Auflager-Linie wird nur eine Verteiler-Bewehrung in der Größe von 2o o/o der Trag-Bewehrung vorgesehen. Bis zu einer Entfernung der Zugkraft-Null-Punkte links und rechts von dem Auflager zuzüglich der Verankerungslängen von 2.45 m (bei kleineren Platten-Abmessungen) empfiehlt es sich, eine Listenmatte zu verlegen, deren Tragstäbe die kurzen Querstäbe und die Verteiler-Bewehrung die Stäbe in Längsrichtung sind. Sind die abzudeckenden Längen größer, ist es einfacher, Matten mit der Trag-Bewehrung in Matten-Längsrichtung zu verlegen und diese mit der ausreichenden Überdeckung der Verteiler-Stöße anzuordnen.

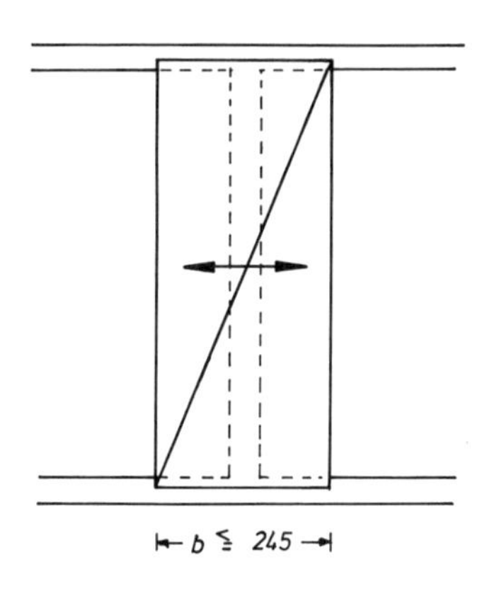

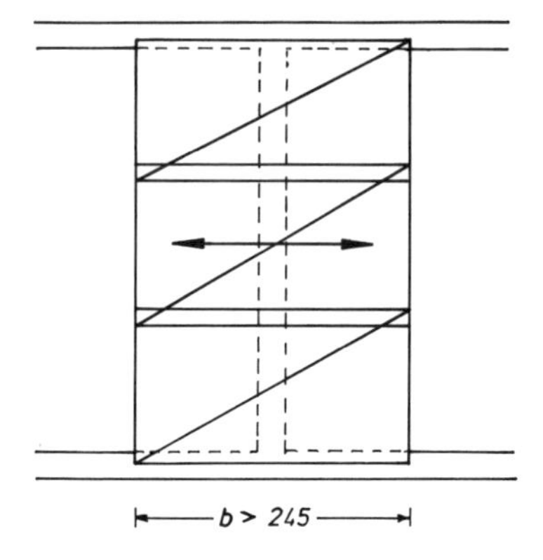

zum Beispiel

250 • 100 • 4,5 • 6,5 R 150 • 250 • 5,5d • 4,5

Abbildung 31 Bewehrung für die Stütz-Momente

Platten mit einer Unterstützung aus Wänden oder Stahlbetonbalken, die sich kreuzen, können in den Schnittpunkten der Unterstützung mit Q-Matten bewehrt werden, die in beiden Richtungen entsprechend Seite 188 einen Stahl-Querschnitt von 5o o/o max a_s der Stütz-Bewehrung in der X- oder Y-Richtung haben. Besonders ist dabei darauf zu achten, daß die größeren Q-Lagermatten eine Rand-Einsparung haben, deren Querschnitt in diesem Bereich nur die Hälfte des erforderlichen beträgt.

Die zu wählende Seitenlänge l_q der Eck-Matte ist in den Grenzen

$$l_q \geqq l_ü + t + l_ü$$

$$l_q \leqq l_ü + 0.3 \cdot l_x + l_ü$$

$$l_q = ü + n \cdot s + ü$$

zu wählen, wobei in dem Bereich von l_q die erforderliche Bewehrung von o.5o · max $a_{sStütz}$ vorhanden sein muß.

In den Formeln bedeuten

l_q	Seitenlänge dwr Eck-Matte
$l_ü$	Stoßüberdeckung eines Verteiler-Stoßes
t	Balken- oder Wandbreite - Auflagertiefe
l_x	die kleiner Plattenseite
ü	Stabüberstand $\geqq$ 25 mm
n	Anzahl der Maschen in einer Richtung
s	Abstand der Stäbe

Die mit der Stützbewehrung abzudeckende Breite des Auflagers liegt zwischen

$$B \leqq l - t$$

$$B \geqq l - l_q + 2\, l_ü$$

Wird die Bewehrung im Felde und über der Stütze ' nicht gestaffelt ', dürfen die höheren Schubspannungen der Tabelle 13 Zeile 1 b auf Seite 12o angesetzt werden.

Eine Eck-Bewehrung nach Paragraph 2o.1.6.4. muß in den Fällen der Seite 179 mit max a_{sm} der beiden Richtungen verlegt werden, wenn die Feld-Momente nicht ' angemessen ' erhöht werden sollen. Die Verankerung der Stäbe der Eck-Bewehrung erfolgt im Feld und an der Stütze mit Haken, wobei der Stab in diesem Falle am Beginn des Hakens ' als verankert ' angesehen werden darf. Bei Rippenstählen können diese Haken durch eine Verankerungslänge von 2o · d_s ersetzt werden. (Paragraph 2o.1.6.4.)

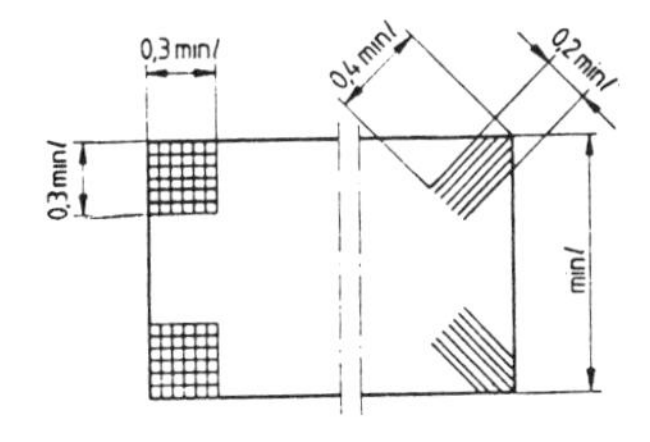

Bild 48 Rechtwinkelige und schräge Eckbewehrung - Oberseite -

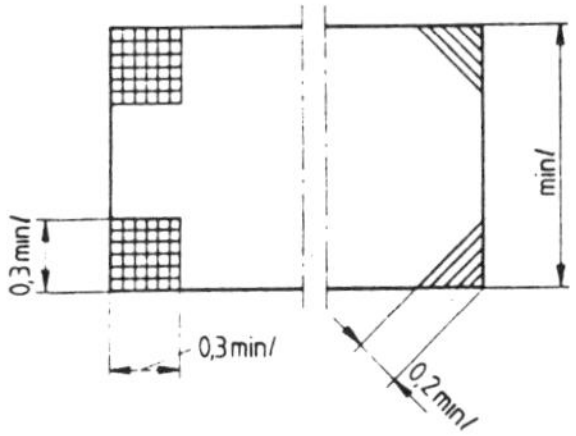

Bild 49 Rechtwinkelige und schräge Eckbewehrung - Unterseite -

Wird die Eck-Bewehrung durch eine parallel zum Rande verlaufende Bewehrung ersetzt, so muß man in jeder Richtung max a_{sm} verlegen. Treffen ein eingespannter Rand und ein frei aufliegender zusammen - Bild 46 auf Seite 181 - , so ist an der Ober- und Unterseite der Platte auf einer Breite von o.3 min l eine Zusatz-Bewehrung von 5o o/o der maximalen Feld-Bewehrung rechtwinklig zum freien Rande zu verlegen. Diese Bewehrung sollte man auch bei einachsig gespannten Platten vorsehen, wenn die Platte, ohne daß es in der Statischen Berechnung berücksichtigt wurde, ein Auflager hat.

4.4.2.5. Statische Berechnung einer zweiachsig gespannten Platte über 3 x 4 Felder mit Bewehrungszeichnung.

S t a t i s c h e   B e r e c h n u n g

für eine

Z w ö l f - F e l d - P l a t t e

Baubeschreibung	Siehe Seite 151
Vorschriften	Siehe Seite 152
Literatur	Siehe Seite 152
Baustoffe	Siehe Seite 152

Beton B I B 15

Stahl BSt 5oo/55o RK

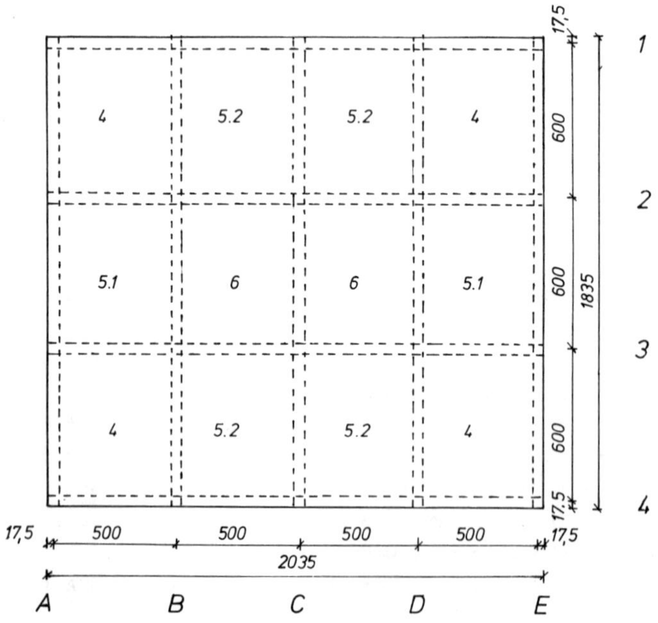

Aus der vom Bauherrn überlassenen Zeichnung ergibt sich eine Zwölf-Feld-Platte mit drei mal vier Feldern und Stützweiten von 5.oo m bzw. 6.oo m mit 35 cm breiten Balken.

Mindest-Nutzhöhe

$\min l_i = 0.8 \cdot 5.00 = 4.00$ m

$\min h = 400/35 = 11.43$ cm

$\text{gesch } d_{s1} = \quad = 7.0$ mm

$\min d = 11.43 + 0.7/2 + 2.5 = 14.3$ cm

$\text{gew } d = \quad = 17$ cm

Lastermittlung

Deckenaufbau wie auf Seite 153 angegeben.

$g = 5.510$ kN/m^2

$p = 7.500$ kN/m^2

$q = 13.010$ kN/m^2

Seitenverhältnis

$\max l = l_y = 600$ cm

$\min l = l_x = 500$ cm

$$\varepsilon = \frac{600}{500} = 1.20$$

$$\varepsilon_w = \frac{600-35}{500-35} = 1.22$$

$q' = 5.510 + 7.500/2 = 9.260$ kN/m^2 — q'

$q'' = \pm\, 7.500/2 = 3.750$ kN/m^2 — q''

13.010 kN/m^2

$q' \cdot l_x^2 = 9.260 \cdot 5.00^2 = 231.500$ kNm/m

$q'' \cdot l_x^2 = 3.750 \cdot 5.00^2 = 93.750$ kNm/m

$q \cdot l_{wx}^2 = 13.010 \cdot (5.00-035)^2 = 281.309$ kNm/m

Biegemomente und Auflagerkräfte

Die Feld- und Stützmomente der Zusammen- Biegestellung auf der nächsten Seite werden nach dem Ansatz

$$m = q' \cdot l_x^2/k$$

bzw. $$m = q'' \cdot l_x^2/k$$

oder $$m = q \cdot l_{wx}^2/k$$

ermittelt. Das 'k' ist entsprechend der Lagerung der Platte anzusetzen.
Für die Auflagerkräfte
die Ansätze

$$q = q' \cdot l_x/k$$

bzw. $$q = q'' \cdot l_x/k$$

Da die Auflagerkräfte an den Endauflagern größer sind als die dort auftretenden Querkräfte, wird mit den ungüstigeren Werten gerechnet.

Aus Gründen einer zweckmäßigen Stützbewehrung sollten negative Feldmomente vermieden werden. Dazu ist es erforderlich, daß die beiden folgenden Bedingungen eingehalten werden
- nach Seite 186 : k-Werte nach Seite 197

$$g_x \geqq \frac{7.5oo}{2} \cdot \left(\frac{39.4o}{19.1o} - 1 \right) = 3.986 \text{ kN/m}^2$$

$$g_y \geqq \frac{7.5oo}{2} \cdot \left(\frac{66.2o}{29.1o} - 1 \right) = 4.781 \text{ kN/m}^2$$

angesetzt war $g = 5.51o$ kN/m²

Biegemomente zweiachsig gespannter Platten													
ε= 1.20		X-Richtung				Y-Richtung				Mindest-Momente			
y ↓ → x		k_{xm}	m_{xm}	k_{xerm}	m_{xerm}	k_{ym}	m_{ym}	k_{yerm}	m_{yerm}	k_{xerm}	m_{xerm}	k_{yerm}	m_{yerm}
1	q"	19.10	4.908			29.10	3.221						
2.1	q"	--	--			--	--	-10.10	-9.282				
2.2	q"	--	--	-10.20	-9.191	--	--						
1	q'	--	--			--	--						
2.1	q'	--	--			--	--	--	--			--	--
2.2	q'	--	--	--	--	--	--			--	--		
3.1	q'	--	--			--	--	--	--			--	--
3.2	q'	--	--	--	--	--	--			--	--		
4	q'	30.00	7.717	-11.50	-20.130	44.00	5.261	-13.10	-17.671	-11.38	-24.720	-13.04	-21.573
5.1	q'	37.50	6.173	-13.50	-17.148	44.80	5.167	-13.90	-16.654	-13.26	-21.216	-13.78	-20.414
5.2	q'	33.80	6.849	-13.90	-16.654	66.20	3.496	-17.50	-13.228	-13.78	-20.414	-17.50	-16.074
6	q'	39.40	5.875	-15.50	-14.935	65.80	3.518	-17.90	-12.932	-15.32	-18.362	-17.84	-15.768

Auflagerkräfte

		X-Richtung				Y-Richtung			
y↓ →x		$\overline{k}_{xrm}$	$\overline{q}_{xrm}$	k_{xerm}	q_{xerm}	$\overline{k}_{yrm}$	$\overline{q}_{yrm}$	k_{yerm}	q_{yerm}
1	q''	2.04	9.191			2.02	9.282		
2.1	q''	--	--			--	--	1.56	12.019
2.2	q''	--	--	1.63	11.503	--	--		
1	q'	--	--			--	--		
2.1	q'	--	--			--	--	--	--
2.2	q'	--	--	--	--	--	--		
3.1	q'	--	--						
3.2	q'			--	--	--	--		
4	q'	2.55	18.156	1.75	26.457	2.59	17.876	1.87	24.759
5.1	q'	2.70	17.148	1.89	24.497			1.94	23.866
5.2	q'			1.96	23.622	2.81	16.476	2.09	22.153
6	q'			2.01	23.034			2.12	21.839

Ansätze für das Ermitteln der für das Bemessen maßgebenden Biegemomente und Auflagerkräfte:

Stützmomente

$$m_{M,q'} = \frac{m_{Z,erm\ l,q} + m_{Z,erm\ r,\ q'}}{2}$$

$$\geqq 0.75 \cdot \min m_{Z,erm}$$

$$m_M = m_{M,q'} + m_{2,erm,q''}$$

Die Momenten-Nullpunkte liegen bei

$$x_1 = \left(1 - \frac{m_{1,m,q''}}{m_{M,q'}} \right) \cdot a$$

$$a = 0.20 \cdot 500 = 100 \text{ cm} \quad \text{bzw.}$$
$$a' = 0.25 \cdot 500 = 125 \text{ cm}$$

$$m_R = (1-2.5 \cdot \frac{35}{500}) \cdot m_M = 0.825 \cdot m_M \quad \text{bzw.}$$

$$m_R = (1-2.0 \cdot \frac{35}{500}) \cdot m_M = 0.860 \cdot m_M$$

$$m' = (1-1.25 \cdot \frac{35}{500}) \cdot m_M = 0.913 \cdot m_M \quad \text{bzw.}$$

$$m' = (1-1.125 \cdot \frac{35}{500}) \cdot m_M = 0.921 \cdot m_M$$

Feldmomente

$$\begin{matrix} \max \\ \min \end{matrix} m_F = m_{Z,m,q'} \pm m_{1,m,q''}$$

Auflagerkräfte

$$\begin{matrix} \max \\ \min \end{matrix} q = q_{Z,rm,q'} \pm q_{1,rm,q''}$$

Biegemomente in der X-Richtung - Randstreifen

Platte	A	4		B		5.2		C
Stützmomente								
$m_{erm,q'}$	0.000		-20.130		-16.654		-16.654	
$m_{M,q'}$	0.000			-18.392				-16.654
$m_{2erm,q''}$				- 9.191				- 9.191
m_M	0.000			-27.583				-25.845
$m_{R,m'}$ Faktor			0.825	0.913	0.825		0.825	0.913
$m_{R,m'}$	0.000		-22.756	-25.170	-22.756		-21.322	-23.584
mind m_R	0.000		-24.720	--	-20.414		-20.414	--
Feldmomente								
$m_{Z,m,q'}$		7.717				6.849		
$m_{1,m,q''}$		4.908				4.908		
max m_m		12.625				11.757		
min m_m		2.809				1.941		
x_1, x_1								
a			100		100		100	
x_1, x_1+x_1, x_1			127	254	127		130	260
Auflagerkräfte								
$q_{rm,q'}$	18.156		26.457		23.622		23.622	
$q_{rm,q''}$	9.191		11.503		11.503		11.503	
max q_{rm}, max v	27.347		37.960	73.085	35.125		35.125	70.250
min q_{rm}, min v	8.965		14.954	27.073	12.119		12.119	24.238

- Innenstreifen -

Platte	A	5.1		B		6		C
Stützmomente								
$m_{erm,q'}$	o.ooo		-17.148		-14.935		-14.935	
$m_{M,q'}$				-16.o41				-14.935
$m_{2,erm,q'}$				- 9.191				- 9.191
m_{M}				-25.232				-24.126
$m_{R,m'}$ Faktor			o.86o	o.921	o.825		o.825	o.913
$m_{R,m'}$	o.ooo		-21.7oo	-23.245	-2o.817		-19.9o4	-22.o15
mind m_{R}			-21.216		-18.362		-18.362	
Feldmomente								
$m_{Z,m,q'}$		6.173				5.875		
$m_{1,m,q''}$		4.9o8				4.9o8		
max m_{m}		11.o81				1o.783		
min m_{m}		1.264				o.967		
x_1, x_1 a			125		1oo		1oo	
$x_1, x_1 + x_1, x_1$			164	295	131		133	266
Auflagerkräfte								
$q_{rm,q'}$	17.148		24.497		23.o34		23.o34	
$q_{rm,q''}$	9.191		11.5o3		11.5o3		11.5o3	
max q_{rm}, max v	26.339		36.ooo	7o.537	34.537		34.537	69.o74
min q_{rm}, min v	7.956		12.994	24.526	11.531		11.531	23.o62

Platte	1	4		2		5.1		3
Stützmomente								
$m_{erm,q'}$	o.ooo		-17.671		-16.654		-16.654	
$m_{M,q'}$	o.ooo			-17.163				-17.163
$m_{2erm,q''}$	o.ooo			- 9.282				- 9.282
m_M	o.ooo			-26.445				-26.445
$m_{R,m'}$								
Faktor			o.825	o.913	o.825		o.825	o.913
$m_{R,m'}$	o.ooo		-21.817	-24.144	-21.817		-21.817	
mind m_R	o.ooo		-21.573		-2o.414		-2o.414	
Feldmomente								
$m_{Z,m,q'}$		5.261				5.167		
$m_{1,m,q''}$		3.221				3.221		
max m_m		8.482				8.388		
min m_m		2.o4o				1.946		
$x_1, \overline{x}_1$								
a			1oo		1oo		1oo	
$x_1, x_1+\overline{x}_1, \overline{x}_1$			119	238	119		119	238
Auflagerkräfte								
$q_{rm,q'}$	17.876		24.759		23.866		23.866	
$q_{rm,q''}$	9.282		12.o19		12.o19		12.o19	
max $q_{rm,}$ max v	27.158		36.778	72.663	35.885		35.885	72.663
min $q_{rm,}$ min v	8.594		12.74o	24.587	11.847		11.847	24.587

Biegemomente in der Y-Richtung -Randstreifen-

-Innenstreifen-

Platte	1	5.2		2		6		3
Stützmomente								
$m_{erm,q'}$	o.000		-13.228		-12.932		-12.932	
$m_{m,q'}$	o.000			-13.o8o				-13.o8o
$m_{2erm,q''}$	o.000			- 9.282				- 9.282
m_M	o.000			-22.362				-22.362
$m_{R,m'}$	o.000							
Faktor			o.86o	o.921	o.825		o.825	o.921
$m_{R,m'}$	o.000		-19.231	-2o.595	-18.449		-18.449	-2o.595
mind m_R	o.000		-16.o74		-15.768		-15.768	
Feldmomente								
$m_{Z,m,q'}$		3.496				3.518		
$m_{1,m,q''}$		3.221				3.221		
max m_m		6.717				6.739		
min m_m		o.275				o.297		
$x_1, \overline{x}_1$								
a			1.25		1.oo		1.oo	
$x_1, x_1+\overline{x}_1, \overline{x}_1$			156	281	125		125	281
Auflagerkräfte								
$q_{rm,q'}$	16.476		22.153		21.839		21.839	
$q_{rm,q''}$	9.282		12.o19		12.o19		12.o19	
max $q_{rm,}$ max v	25.758		34.172	68.o3o	33.858		33.858	67.716
min $q_{rm,}$ min v	7.194		1o.134	19.954	9.82o		9.82o	19.64o

B 15 BSt 5oo/5oo R c_s = 2.5 cm

gesch d_{slx} = ∅ 7.o grenz d_{sl} = ∅ 8.5

gesch d = 17 cm

h_x = 17.o - o.7/2 - 2.5 = 14.1 cm

h_{st}= 14.1 + o.35/6 = 19.9 cm

gesch d_{sqy} = ∅ 6.0

h_y = 14.1 - 0.7/2 - 0.6/2 = 13.8 cm

Ein Erhöhen der Biegemomente nach Paragraph 17.2.1. ist nicht notwendig, da

$h_y > 10.0$ cm ist

zul τ_{011a} = 1.o · o.25 = o.25 N/mm²

zul τ_{011b} = 1.o · o.35 = o.35 N/mm²

da D < 3o cm ist.

$v_x \approx v_y$ = 1.o · h_x = 14.1 cm

Der erforderliche Stahlquerschnitt am Endauflager ergibt sich zu

$a_s = 15 \cdot q_A / \sigma_s$ $\sigma_s = 285$ N/mm²

Bemessung

Die einzelnen Feld- undStützmomente in der X-Richtung bzw. der Y-Richtung unterscheiden sich nur unwesentlich. Die Bewehrung wird aus diesem Grunde für die größten Biegemomente und Querkräfte durchgeführt.

X-Richtung

m		+12.625	-24.726	-25.17o
q	27.347		37.96o	
h	14.1	14.1	14.1	19.9
k_h		3.97	2.84	3.97
k_s		3.9	4.1	3.9
a_{sx}	1.44	3.49	7.19	4.93
gew a_{sx}	5.od/1o.o	5.od/1o.o	7.od/1o.o	7.od/1o.o
a_{sx}	3.93	3.93	7.7o	7.7o
k_z		o.92	o.87	
τ_o	o.211		o.3o9	
zul τ_{o11b}		o.35		

Y-Richtung

m		+ 8.482	-21.817	-24.144
q	27.158		36.778	
h	13.8	13.8	14.1	19.9
k_h		4.74	3.o2	4.o5
k_s		3.8	4.o	3.9
a_{sy}	1.43	2.34	6.19	4.73
gew a_{sy}	5.5/1o.o	5.5/1o.o	ø7.od/1o.o	7.od/1o.o
a_{sy}	2.38	2.38	7.7o	7.7o
k_z		o.94	o.88	o.92
τ_o	o.2o9		o.296	
zul τ_{o11b}		o.35		

Verankerungs-
längen
Endauflager

Lage II - direktes Auflager

ø 5.o d/1oo l_{oII} = 2·36.o cm ohne Haken — X-Richtung

l_{1x} = 2 · 36.o · 1.44/3.93 = 26.4 cm
l_{2x} = 2/3 · 26.4 = 17.6 cm > 4.2 cm

ø 5.5/1oo l_{oII} = 2·28.o cm ohne Haken — Y-Richtung

l_{1y} = 56.o · 1.43/2.38 = 33.7 cm
l_{2y} = 2/3 · 33.7 = 22.5 cm > 3.3 cm

Lage I — Stützbewehrung

ø 7.o d/1oo l_{oI} = 5o.5 cm ohne Haken
l_1 = 9.8 cm

Q 1oo · 1oo · 5.o d · 5.5

Wahl der Matten

L ≧ 17.6 + (5oo-35)+17.6 = 5oo.2 cm
L ≦ (35-3.o)+(5oo-35)+35-3.o) = 529 cm
gew L= 375+45·1oo +375 = 525o mm

Feldbewehrung

Stoßüberdeckung ø 5.5/1o.o a_{sy} = 2.38 cm^2/m

$$\alpha_{üm} = o.5 + \frac{2.38}{7} = o.84 \geqq 1.1$$

Lage I l_o = 28.o cm ohne Haken

$l_ü$ = 1.1·28.o = 3o.8 cm ≧ 2o cm gew 35 cm
B ≧ 22.5+(6oo-35)+22.5 = 61o.o cm
B ≦ (35-3.o)+(6oo-35)+(35-3.o) = 629 cm
gew B= 625 cm gesch n = 3

$$b_1 = \frac{625o + (3-1) \cdot 35o}{3} = 2317 \text{ mm}$$

gew b_1 = 375 + 19 · 1oo + 25 = 23oo mm
bzw.b_1 = 25 + 23 · 1oo + 25 = 235o mm

gew Q 1oo · 1oo · 5.o d · 5.5

L = 525o mm $Ü_l$ = 375 mm

2 Matten je Feld : b_1 = 23oo mm $Üq_l$ = 375 mm

Üq = 25 mm

1 Matte je Feld : b_1 = 235o mm Üq = 25 mm

V 1oo · 25o · 7.o d/ 1oo · 7.o — Stützbewehrung

L $\geqq 1o \cdot \sqrt{2} d_s + V + (x_1 + \bar{x}_2) + V + 1o \cdot \sqrt{2} \cdot d_s$

= 9.8+14.1+(295)+14.1+9.8=342.8 cm

gew L = 1oo+13·25o+1oo = 345o mm

D 1oo · 1oo · 7.o · 7.o — Eckbewehrung

b_1 = L $\geqq$ 25.o + 35.o + 25.o = 85.o cm

$\leqq$ o.3 · 5oo = 15o.o cm

gew b_1 = 5o + 11 · 1oo + 5o = 12oo mm

2 Matten D 1oo · 1oo · 7.o · 7.o = 4x5 = 2o Abschnitte

b = 2 · 12oo = 24oo mm

L = 5 · 12oo = 6ooo mm

$Ü_l$ = $Ü_q$ = 5o mm

Stoß zwischen Stütz- und Eckbewehrung — Stützbewehrung

$l_ü$ = 25o+25 = 275 mm bzw 25o+5o = 3oo mm

Stoß der Stützbewehrung-Querbewehrung ∅ 7.o

$l_ü$ $\geqq$ 25o mm gew 35o mm

B_x = 5ooo-12oo + 2 · 275 = 435o mm

B_y = 6ooo-12oo + 2 · 275 = 5375 mm

gew n_x = 2

$$b_{1x} \geqq \frac{435o + (2-1) \cdot 25o}{2} = 23oo \text{ mm}$$

gew b_1 = 25 + 23 · 1oo + 25 = 235o mm

B_x = 5ooo = 12oo/2-275+235o-35o (Rest) +

+235o-275+12oo/2

$b_{1/2}$ = 25+11·1oo+5o = 1175 mm

B_y = 6ooo = 12oo/2-275+235o-25o+235o-

-25o+1175-3oo+12oo/2

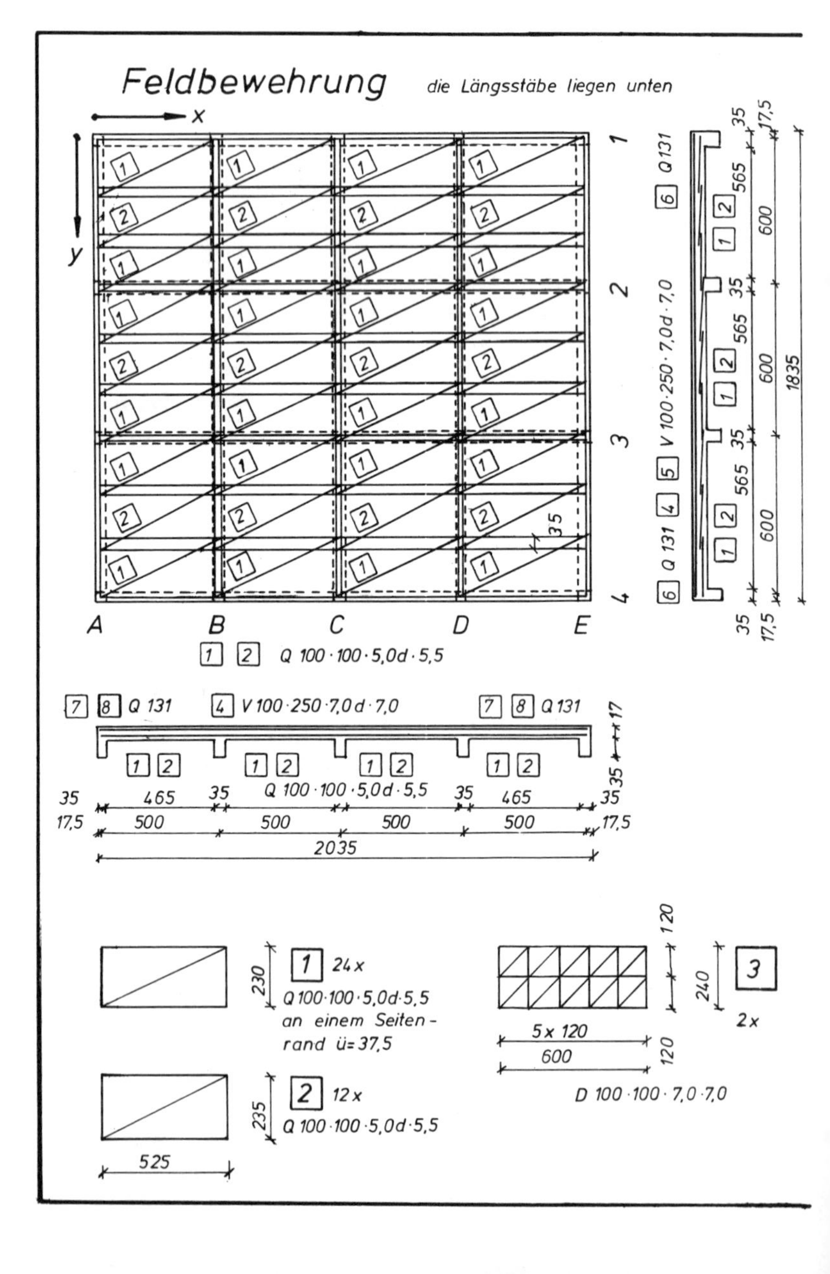
Feldbewehrung
die Längsstäbe liegen unten
x
y
1
2
3
4
A
B
C
D
E
1 2 Q 100 · 100 · 5,0d · 5,5
6 Q 131
V 100·250·7,0d·7,0
6 Q 131 4 5
35
565
600
1835
17,5
7 8 Q 131
4 V 100·250·7,0d·7,0
7 8 Q 131
Q 100 · 100 · 5,0d · 5,5
465
500
2035
1 24x
Q 100·100·5,0d·5,5
an einem Seitenrand ü=37,5
230
2 12x
Q 100·100·5,0d·5,5
235
525
5x 120
600
120
240
3
2x
D 100·100·7,0·7,0

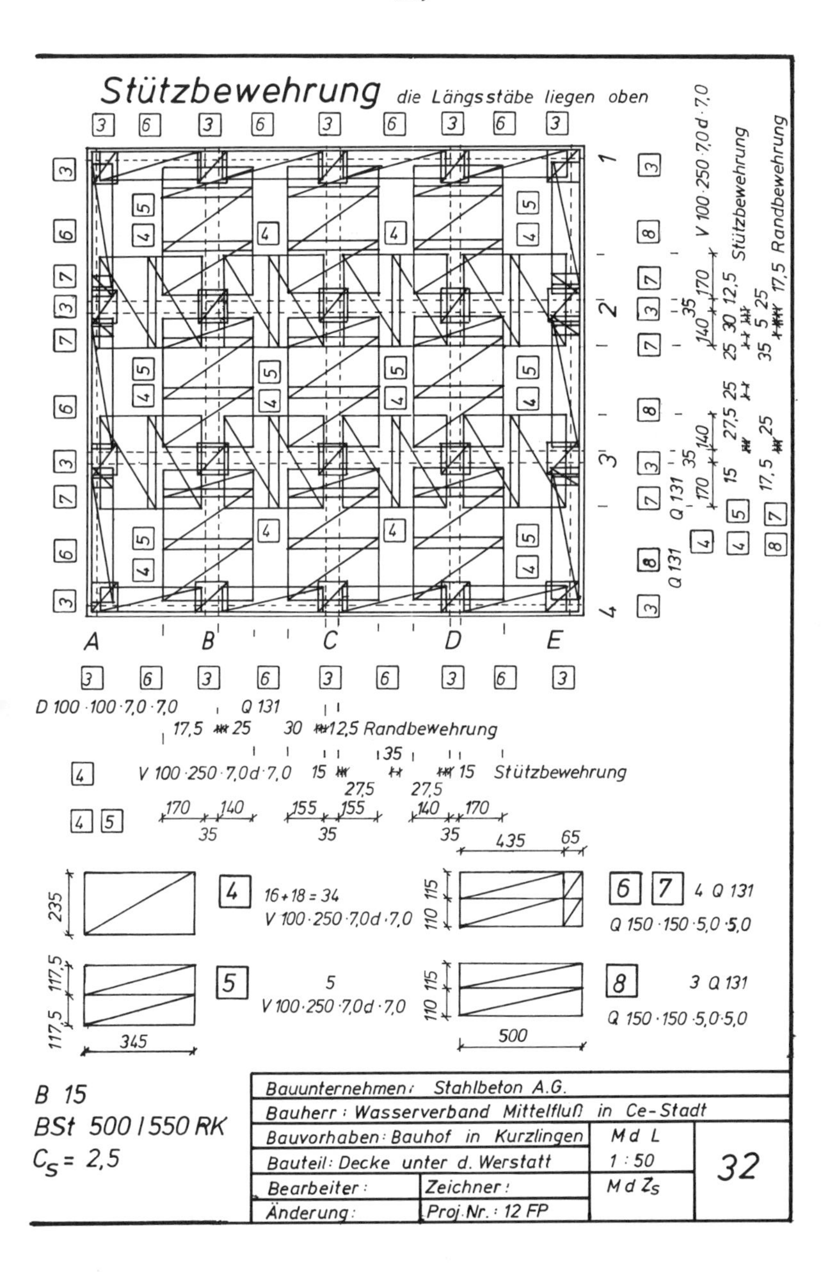
Stützbewehrung die Längsstäbe liegen oben
A
B
C
D
E
D 100 · 100 · 7,0 · 7,0
Q 131
17,5 25 30 12,5 Randbewehrung
35
V 100 · 250 · 7,0d · 7,0 15 15 Stützbewehrung
27,5 27,5
170 140 155 155 140 170
35 35 35
435 65
235
16 + 18 = 34
V 100 · 250 · 7,0d · 7,0
110 115
4 Q 131
Q 150 · 150 · 5,0 · 5,0
117,5 117,5
5
V 100 · 250 · 7,0d · 7,0
345
3 Q 131
Q 150 · 150 · 5,0 · 5,0
500
V 100 · 250 · 7,0d · 7,0 Stützbewehrung
17,5 Randbewehrung
B 15
BSt 500 / 550 RK
C_S = 2,5
Bauunternehmen: Stahlbeton A.G.
Bauherr: Wasserverband Mittelfluß in Ce-Stadt
Bauvorhaben: Bauhof in Kurzlingen
Bauteil: Decke unter d. Werstatt
Bearbeiter:
Zeichner:
Änderung:
Proj. Nr.: 12 FP
M d L
1 : 50
M d Z_S
32

gew V 1oo · 25o · 7.o d · 7.o

$L = 345o$ mm $ü_l = 1oo$ mm

$b_1 = 235o$ mm $ü_q = 25$ mm

X-Richtung 2 Matten je Feld

Y-Richtung 2.5 Matten je Feld

Für die obere Bewehrung an den Endauflagern wird eine Q-Lagermatte gewählt

Randbewehrung

$a_s \geqq 3.93/5 = o.77$ cm^2/m mit einer Breite von

$b = 2/3\ t + o.1 \cdot l_o + v + 1o\ d_s$

$= 2/3 \cdot 35o + o.1 \cdot o.8 \cdot 5ooo + 141 + 5o =$

$= 824$ mm

bei einem $d_s = \phi\ 5.o$

gew Q 131 = D 15o · 15o · 5.o · 5.o

Die Matte wird längs aufgeteilt in 2 Abschnitte mit einer Breite von 1o75 und von 1175 mm.

4.4.3. Dreiseitig gelagerte Platten

4.4.3.1. Mindest-Nutzhöhe nach Paragraph 17.7.2.

Die Mindest-Nutzhöhe zweiachsig gespannter, dreiseitig aufliegender Platten muß nach dem Ansatz

$$\boxed{\min h = l_i / 35}$$

berechnet werden, wobei l_i in der Richtung des freien Randes zu messen ist.

4.4.3.2. Ermittlung der Schnittgrößen

Die Stützkräfte dreiseitig gelagerter Platten mit einer Bewehrung, die in zwei Richtungen gespannt ist, können zur Belastung der Auflager entsprechend Bild 46 auf Seite 181 bestimmt werden, sofern kein besonderer Nachweis erbracht wird. Nicht übersehen werden darf die Kraft in der Ecke, an der zwei frei drehbar gelagerte Ränder ohne ein Einspann-Moment zusammenstoßen. Diese Kraft, die ein Abheben der Plattenecke bewirken würde, kann bei einem Seitenverhältnis von $\varepsilon = l_y / l_x = 0.50$ bis zu etwa 80 o/o der gesamten Platten-Belastung betragen.

Die Berechnung der Biege- und Drill-Momente erfolgt zweckmäßigerweise wie bei den vierseitig gelagerten Platten mit Hilfe von Tabellen. Es ist üblich, die Plattenlänge parallel zum freien Rand mit l_x zu bezeichnen. Das Tragverhalten der dreiseitig gelagerten Platten ist sehr von dem Seitenverhältnis ' ε ' abhängig. Bis zu einem $\varepsilon = 1.0$ haben die Drill-Momente einen großen Anteil an der Aufnahme der Kräfte. Teilweise können die Drill-Momente sogar größer werden als die Biegemomente am freien Plattenrande. Ist das Seitenverhältnis $\varepsilon \geq 1.5$ wird der Einfluß des mittleren Auflagern so klein, daß der freie Plattenrand praktisch wie eine einachsig gespannte Platte beansprucht wird. Es ist also zu fordern

$$\boxed{\varepsilon = \frac{l_y}{l_x} \leq 1.5}$$

Die Biegemomente und die Drillmomente werden abweichend von dem Ansatz für vierseitig gelagerte Platten mit l_y berechnet (nach Czerny).

$$m = p \cdot l_y^2 / k$$

Berechnet werden müssen die Momente, soweit sie auftreten können, für

m_{xere}	Einspannmoment an der Ecke zum freien Rand
m_{xfrm}	Feldmoment in der Mitte des freien Randes
m_{xerm}	Einspannmoment in der Mitte des eingespannten Randes
m_{xmax}	maximales Feldmoment
m_{yerm}	und m_{ymax} entsprechend
m_{xyfre}	Drillmoment an der Ecke zum freien Rand
m_{xym}	Drillmoment in der Mitte des Auflagerrandes
m_{xye}	Drillmoment in der Ecke von zwei Auflagern

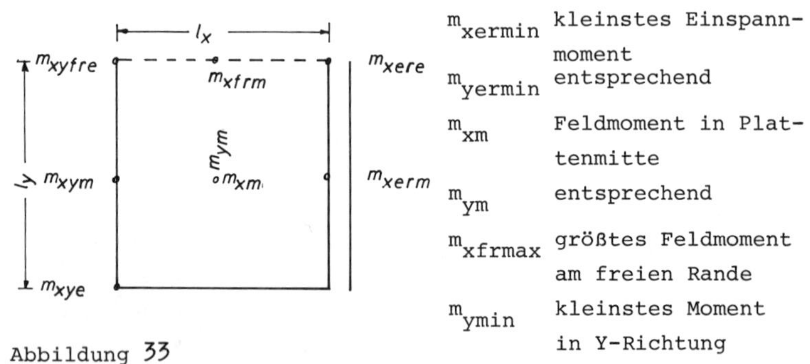

m_{xermin}	kleinstes Einspannmoment
m_{yermin}	entsprechend
m_{xm}	Feldmoment in Plattenmitte
m_{ym}	entsprechend
m_{xfrmax}	größtes Feldmoment am freien Rande
m_{ymin}	kleinstes Moment in Y-Richtung

Abbildung 33
Lage der bei dreiseitig gelagerten Platten zu berechnenden Biegemomente

Die Biegemomente durchlaufender Platten dürfen unter den gleichen Voraussetzungen wie bei den vierseitig gelagerten Platten berechnet werden. Vergl. Seite 178

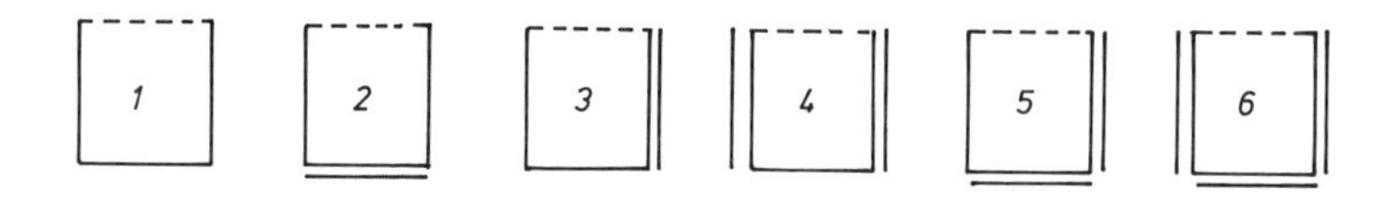

Abbildung 34
Mögliche Stützungsarten dreiseitig gelagerter Platten

4.4.3.3. Bewehrungshinweise

Die Haupt-Zugspannungen weichen bei dreiseitig gelagerten Platten in Abhängigkeit von ε mehr oder weniger von der X- bzw. Y-Richtung ab. Um eine einfach zu verlegende Bewehrung zu erhalten, wird man bei Verwenden von Rundstahl die Platte in zwei gleiche Abschnitte von der Breite l_y / 2 parallel zum freien Rande unterteilen. Bei gleichmäßig verteilter Belastung wäre dann in dem Streifen am freien Rande die Bewehrung fe_{xfrmax} (erforderliche Bewehrung des freien Randes in der X-Richtung) und in dem Streifen neben dem Auflager fe_{xm} (erforderliche Bewehrung in Plattenmitte in X-Richtung) zu verlegen. Bei einer dreieck-förmigen Belastung - z.B. infolge Erd- oder Wasserdruck - wäre die jeweils größte Bewehrung des Abschnittes zu verlegen, wenn kein genauerer Nachweis geführt wird. Die Bewehrung in der Y-Richtung kann man ebenso wie die der X-Richtung in einem Streifen von der Breite o.2o · min l parallell zu dem unterstützenden Rande auf die Hälfte des größten Wertes verkleinern, da die Biegemomente in den Bereichen neben den Auflagern sehr schnell abnehmen.

Zur Aufnahme der Drillmomente kann man an der Oberseite der Platte eine Diagonal-Bewehrung verlegen, an der Unterseite eine dazu rechtwinklig von Auflagerrand zu Auflagerrand verlaufende. Abgedeckt werden soll ein gleichschenkliges Dreieck mit den Seiten l_y bzw. $l_x / 2$. Für die nicht erfaßten Bereiche der Plattenränder ist eine ausreichende Drillbewehrung zusätzlich vorzusehen.

Bei Platten des üblichen Ingenieurbaues sind die Abmessungen der Platten allgemein so klein, daß es in diesen Fällen wirtschaftlicher ist, die Drillbewehrung durch eine Bewehrung zu ersetzen, die parallel zu den Plattenrändern verläuft. Dabei kann die vorhandene Bewehrung in der X- und Y-Richtung für die Drillbewehrung mit herangezogen werden.

Bezeichnungen im Stahlbetonbau nach DIN 1o45 und DIN 1o8o

Lateinische Buchstaben

große Buchstaben

A Querschnittsfläche
C Beton-Überdeckung
D Druckkraft
E Elastizitätsmodul
F Kraft
G ständige Einzellast
  Schubmodul
H horizontal wirkende
  Einzellast
J Trägheitsmoment
M Schnitt-Biegemoment
N Normal-Längskraft
P Verkehrs-Einzellast
Q G + P
  Querkraft
T Schubkraft
  Temperatur
V vertikal wirkende
  Einzellast
W Wind-Einzellast
Z Zugkraft

kleine Buchstaben

kleine Buchstaben haben, soweit sinnvoll, die gleiche Bedeutung wie die großen Buchstaben jedoch auf die Längeneinheit - meistens 1 m - bezogen

b Breite, besonders der Beton-Druckzone
b_o Breite der Beton-Zugzone
  Lastaufstandsbreite
b_r Biegerolle
$b_ü$ Bügel
d Dicke eines Querschnittes
  Durchmesser
d_o Dicke eines Plattenbalkens
d_1 Dicke der lastverteilenden Deckschicht
e Exzentrizität des Angriffpunktes einer Einzellast bezogen auf die Mittellinie des Querschnittes
h Nutzhöhe
i Trägheitsradius
k Beiwert, meist mit Fußzeiger
l Länge
  Stützweite
l_w lichte Weite
  Verankerungslänge von Rundstahl mit Index o - 4
r Beiwert für die Rißsicherheit
s Länge, Abstand
t Lasteintragungslänge
  Zeitangaben
u Umfang der Bewehrung
ü Überstand
v Versatzmaß

x Abstand der Spannungsnulllinie vom gedrückten Rand
Abstand des Last-Schwerpunktes vom Auflager

z Abstand eines Flächenelementes von der Spannungs-Nullinie
Hebelarm der inneren Kräfte

Griechische Buchstaben

große Buchstaben
Teil - oder Unterschied -

kleine Buchstaben

α Winkel
Beiwert
Beanspruchungsgrad

β Winkel
Festigkeitswert
Beiwert

γ Beiwert
Sicherheitsbeiwert
Winkel

δ Winkel
Dehnungen oder Stauchungen in o/oo

η Schubdeckungsgrad
Beiwert
Schlankheitsgrad

μ Querdehnungszahl
Bewehrungsverhältnis
A_s / (b · h)
Bewehrungsverhältnis

μ_o A_s / (b · d)
Bewehrungsverhältnis

μ_z μ / (1 - k_x)

σ Spannungen, senkrecht zum Flächenelement wirkend

τ Spannungen, im Flächenelement wirkend

τ_o Schubspannungen

τ_1 Verbundspannungen

φ Kriechbeiwert
Winkel

ω mechanischer Bewehrungsgrad
$\mu \cdot \beta_s / \beta_R$

Kopfzeiger

' in Verbindung mit M ausgerundetes Biegemoment im Bereich des Auflagers

Fußzeiger

Die bislang aufgeführten Buchstaben, soweit sinnvoll, als Hinweis auf die Ursache.

große Buchstaben

A, B, C, ... Ortsangabe
1, 2, 3, ... Ortsangabe
C Zylinger
M mittlere
N Nenn ....
P Prisma ....
R Rand ....
Rechenwert
S Streckgrenze
Serien ....
U Bruch ....
V Vergleichs ....
W Würfel

kleine Buchstaben

b Beton
d dauernd wirken
e Einspann ....
i ideell
k Kern ....
Krag ....
Knick ....
Kreis ....
l längs
links
m mitte
mitwirkend
o oben
bezogen auf die Momenten-Nullpunkte
q quer
r Reibung
Rand ....
rechts
s Schwind ....
Stahl ....
u unten
ungewollt
ü Übergreifungs ....
w wirksam
x in x-Richtung
y in y-Richtung

Zusammenstellung der wichtigsten DIN-Normen und Richtlinien.

DIN - Blatt Nr.	Ausgabe-Datum	Titel
488		Betonstahl
Teil 1	4.72	Begriffe, Eigenschaften, Werkkennzeichen
Teil 2	4.72	Betonstabstahl, Abmessungen
Teil 3	4.72	Betonstabstahl, Prüfungen
Teil 4	4.72	Betonstahlmatten, Aufbau
Teil 5	4.72	Betonstahlmatten, Prüfungen
Teil 6	8.74	Betonstahl, Eignungsnachweis und Güteüberwachung
1o45	12.78	Beton- und Stahlbetonbau, Bemessung und Ausführung
1o48		Prüfverfahren für Beton
Teil 1	12.78	Frischbeton, Festbeton gesondert hergestellter Probekörper
Teil 2	2.76	Festbeton fertiger Bauwerke und Bauglieder
Teil 3	1.75	Bestimmung des statischen Elastizitätsmoduls
Teil 4	12.78	Bestimmung der Druckfestigkeit von Festbeton (Vornorm)
1o52		Holzbauwerke
Teil 1	1o.69	Berechnung und Ausführung
Teil 2	1o.69	Bestimmungen für Dübelverbindungen besonderer Bauart
1o53		Mauerwerksbau
Teil 1	11.74	Berechnung und Ausführung
Teil 2		
Teil 3		
Teil 4	9.78	Bauten aus Ziegelfertigbauteilen

DIN - Blatt Nr.	Ausgabe- Datum	Titel
1o54	11.76	Zulässige Belastung des Baugrundes - Richtlinien -
1o55		Lastannahmen für Bauten
Teil 1	7.78	Lagerstoffe, Baustoffe und Bauteile
Teil 2	2.76	Bodenkenngrößen, Berechnungsgewicht, Winkel der inneren Reibung, Kohäsion
Teil 3	6.71	Verkehrslasten
Teil 4	5.77	Windlasten
Teil 5	6.75	Schneelast und Eislast
Teil 6	11.64	Lasten in Silozellen
	5.77	Ergänzende Bestimmungen
1o8o		Zeichen für Statische Berechnungen im Bauingenieurwesen
Teil 1	6.76	Begriffe, Formelzeichen, Einheiten, Grundlagen
Teil 2	9.76	Statik (Entwurf)
Teil 3	3.8o	Beton- und Stahlbetonbau, Spannbetonbau, Mauerwerksbau
1o84		Güteüberwachung im Beton- und Stahlbetonbau
Teil 1	12.78	Beton II auf Baustellen
Teil 2	12.78	Fertigteile
Teil 3	12.78	Transportbeton
1164		Portland-, Eisenportland-, Hochofen- und Traßzement
Teil 1	11.78	Begriffe, Bestandteile, Anforderungen, Lieferung
Teil 2	11.78	Güteüberwachung
4o3o	11.69	Beurteilung betonangreifender Wässer, Böden und Gase

DIN - Blatt Nr.	Ausgabe-Datum	Titel
4o99		Schweißen von Betonstahl
Teil 1	4.72	Anforderungen und Prüfungen
Teil 2	12.78	Überwachung von Widerstands- und Punktschweißung an Betonstählen in Werken
4219		Leichtbeton
Teil 1	12.79	Anforderung, Herstellung und Überwachung
Teil 2	12.79	Bemessung und Ausführung
4227		Spannbeton
Teil 1	12.79	Beschränkte und volle Vorspannung
Teil 2	Entwurf	Teilweise Vorspannung
Teil 3	Entwurf	Segmentbauarten
Teil 4	Entwurf	Spannleichtbeton
Teil 5	12.79	Einspressen von Zementmörtel
Teil 6	Entwurf	Vorspannung ohne Verbund
	--	Erläuterungen zu DIN 4227 Heft 32o des Deutschen Ausschusses für Stahlbeton von 198o
4224	ersetzt durch:	- Bemessung im Beton- und Stahlbetonbau - Heft 22o des Deutschen Ausschusses für Stahlbeton von 1979 - Hilfsmittel zur Berechnung der Schnittgrößen und Formänderungen - Heft 24o des Deutschen Ausschusses für Stahlbeton von 1976 - Hinweise zur DIN 1o45 Erläuterungen der Bewehrungsrichtlinien - Heft 3oo des Deutschen Ausschusses für Stahlbeton von 1979
4226		Zuschlag für Beton
Teil 1	12.71	Begriffe, Bezeichnung, Anforderung und Überwachung. Zuschlag mit dichtem Gefüge

DIN - Blatt Nr.	Ausgabe-Datum	Titel
Teil 2	12.71	Begriffe, Bezeichnung, Anforderung und Überwachung. Zuschlag mit porigem Gefüge
Teil 3	12.71	Prüfung von Zuschlag mit dichtem und porigem Gefüge
442o		Arbeits- und Schutzgerüste
Teil 1	3.8o	Berechnung und bauliche Durchbildung
Teil 2	3.8o	Leitergerüste
	6.74	Richtlinien für die Bemessung und Ausführung von Stahlverbundträgern (Ersatz für DIN 1o78 von 9.55 und DIN 4239 von 9.56)
	1.66	Vorläufige Richtlinien für das Aufstellen und Prüfen elektronischer Standsicherheitsberechnungen

Weiterführende Literatur

Beyer, K.	Die Statik im Stahlbetonbau 2. Auflage, 2. Neudruck Berlin, Göttingen, Heidelberg 1956
Bonzel, J. Bub, H. Funk, P.	Erläuterungen zu den Stahlbetonbestimmungen 7. Auflage Berlin, München, Düsseldorf 1972
Deutscher Beton-Verein e.V.	Beispiele zur Bemessung nach DIN 1o45 4. Auflage Wiesbaden und Berlin 1981
Franz, G.	Konstruktionslehre des Stahlbetons 4. Auflage Berlin, Heidelberg, New York 198o
Hahn, J.	Rahmen, Platten und Balken auf elastischer Bettung 13. Auflage Düsseldorf 1981
Leonhard, F.	Vorlesungen über Massivbau Teile 1-5 Berlin, Heidelberg, New York 198o
NN	Beton-Kalender Berlin, München, Düsseldorf jährlich
Rüsch, H.	Stahlbeton - Spannbeton 1. Auflage Düsseldorf 1972
Wommelsdorff, O.	Stahlbetonbau Teile 1 - 2 Düsseldorf 198o

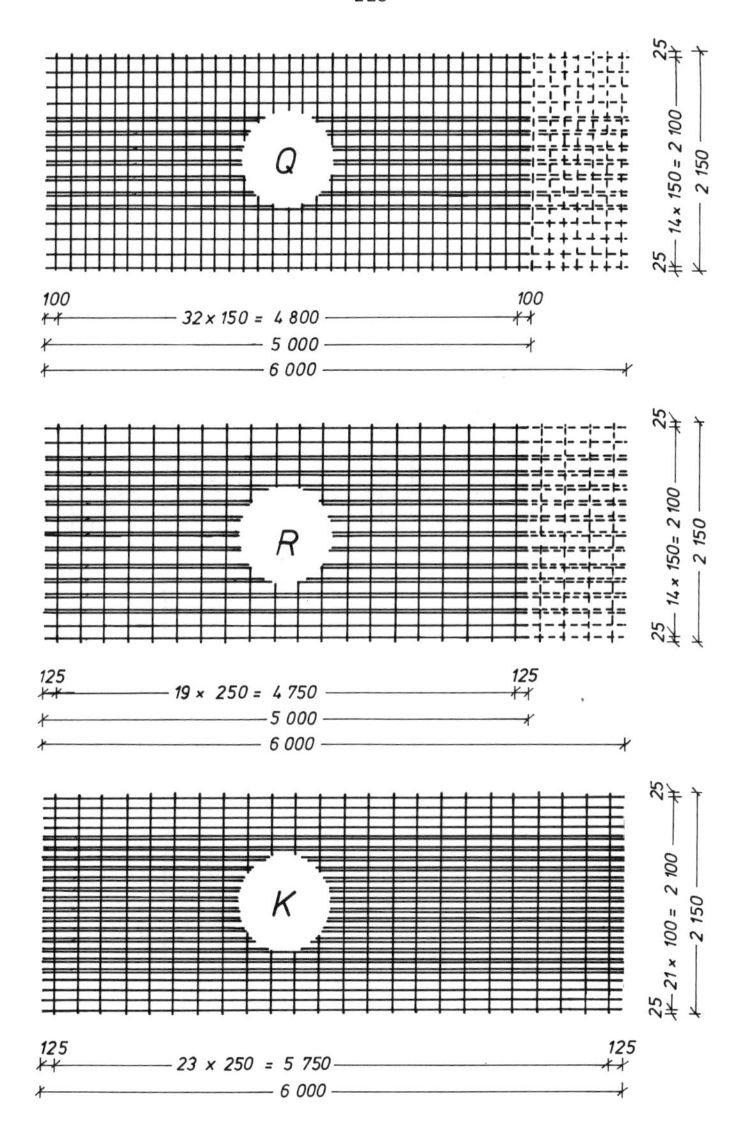

Abbildung 35 Lagermatten

Umwelt-bedin-gungen nach Tabelle 1o Seite 71 Zeile	zu erwar-tende Rißbreite	Rißbeiwert r nach Tabelle 15 - Seite - Betonstabstahl			$\leqq d_s$	Ortbeton und Fertigteile				
						B 15		≧ B 25		≧ B 35
		glatt	profi-liert	gerippt		allgemein	Flächen-tragwerke	allgemein	Flächen-tragwerke	werkmäßig hergestellte Fertigteile
1	normal	6o	8o	12o	12			15	1o	1o
					18	2o	15	15		15
					22	2o				
					28	25				
					4o	3o				
2	gering	4o	6o	8o	18			2o	15	15
					22	25	2o	2o		2o
					28	25				
					4o	3o				
3	sehr gering	25	35	5o	22			25	2o	2o
					28	3o	25	25		25
					4o	3o				
4	sehr gering				4o	4o	35	35	3o	3o

Tafel 24 Zusammenstellung der Mindest-Betonüberdeckungen nach den Tabellen 9 und 1o

Tafel 25

BEMESSUNGSTAFEL FUER BIEGUNG BEI RECHTECKQUERSCHNITTEN

BIEGEMOMENTE IN KNM, BREITEN IN M, NUTZHOEHEN IN CM UND DEHNUNGEN IN 0/00

FESTIGKEITSKLASSEN											
BETON					BETONSTAHL						
B 15	B 25	B 35	B 45	B 55	BST 220/340	BST 420/500	BST 500/550				
BETJR					SIGJSU/GAM						
10.5	17.5	23.0	27.0	30.0	125.7	240.0	285.7				
KJH					KJS			KJX	KJZ	-EJB	EJS
41.72	32.31	28.19	26.01	24.68	8.0	4.2	3.6	0.02	0.99	0.10	5.00
14.51	11.24	9.81	9.05	8.59	8.2	4.3	3.6	0.06	0.98	0.30	5.00
9.09	7.04	6.14	5.67	5.38	8.2	4.3	3.7	0.09	0.97	0.50	5.00
6.77	5.24	4.57	4.22	4.01	8.3	4.4	3.7	0.12	0.96	0.70	5.00
5.49	4.25	3.71	3.43	3.25	8.4	4.4	3.7	0.15	0.95	0.90	5.00
4.69	3.63	3.17	2.92	2.77	8.5	4.5	3.8	0.18	0.94	1.10	5.00
4.14	3.21	2.80	2.58	2.45	8.6	4.5	3.8	0.21	0.93	1.30	5.00
3.74	2.90	2.53	2.33	2.21	8.7	4.6	3.9	0.23	0.92	1.50	5.00
3.45	2.67	2.33	2.15	2.04	8.8	4.6	3.9	0.25	0.91	1.70	5.00
3.22	2.50	2.18	2.01	1.91	8.9	4.7	3.9	0.28	0.90	1.90	5.00
3.05	2.36	2.06	1.90	1.80	9.0	4.7	4.0	0.30	0.89	2.10	5.00
2.91	2.26	1.97	1.82	1.72	9.1	4.8	4.0	0.32	0.88	2.30	5.00
2.80	2.17	1.89	1.75	1.66	9.2	4.8	4.1	0.33	0.87	2.50	5.00
2.71	2.10	1.83	1.69	1.60	9.3	4.9	4.1	0.35	0.86	2.70	5.00
2.63	2.04	1.78	1.64	1.56	9.4	4.9	4.1	0.37	0.85	2.90	5.00
2.56	1.99	1.73	1.60	1.52	9.5	5.0	4.2	0.38	0.84	3.10	5.00
2.51	1.94	1.69	1.56	1.48	9.6	5.0	4.2	0.40	0.84	3.30	5.00
2.46	1.90	1.66	1.53	1.45	9.6	5.1	4.3	0.41	0.83	3.50	5.00
2.43	1.88	1.64	1.52	1.44	9.7	5.1	4.3	0.42	0.82	3.50	4.80
2.41	1.87	1.63	1.50	1.43	9.7	5.1	4.3	0.43	0.82	3.50	4.60
2.39	1.85	1.61	1.49	1.41	9.8	5.1	4.3	0.44	0.82	3.50	4.40
2.36	1.83	1.60	1.47	1.40	9.9	5.2	4.4	0.45	0.81	3.50	4.20
2.34	1.81	1.58	1.46	1.38	9.9	5.2	4.4	0.47	0.81	3.50	4.00
2.32	1.79	1.56	1.44	1.37	10.0	5.2	4.4	0.48	0.80	3.50	3.80
2.29	1.78	1.55	1.43	1.36	10.0	5.3	4.4	0.49	0.79	3.50	3.60
2.27	1.76	1.53	1.41	1.34	10.1	5.3	4.5	0.51	0.79	3.50	3.40
2.24	1.74	1.52	1.40	1.33	10.2	5.4	4.5	0.52	0.78	3.50	3.20
2.22	1.72	1.50	1.38	1.31	10.3	5.4	4.6	0.54	0.78	3.50	3.00

STABAB-STAND	Ø 6	Ø 8	Ø 10	Ø 12	Ø 14	Ø 16	Ø 18	Ø 20	Ø 22
5.0	5.65	10.05	15.70	22.61	30.78	40.21	50.89	62.83	76.02
5.5	5.14	9.13	14.27	20.56	27.98	36.55	46.26	57.11	69.11
6.0	4.71	8.37	13.08	18.84	25.65	33.51	42.41	52.35	63.35
6.5	4.34	7.73	12.08	17.39	23.68	30.93	39.14	48.33	58.48
7.0	4.03	7.18	11.21	16.15	21.99	28.72	36.35	44.87	54.30
7.5	3.76	6.70	10.47	15.07	20.52	26.80	33.92	41.88	50.68
8.0	3.53	6.28	9.81	14.13	19.24	25.13	31.80	39.26	47.51
8.5	3.32	5.91	9.23	13.30	18.11	23.65	29.93	36.95	44.72
9.0	3.14	5.58	8.72	12.56	17.10	22.34	28.27	34.90	42.23
9.5	2.97	5.29	8.26	11.90	16.20	21.16	26.78	33.06	40.01
10.0	2.82	5.02	7.85	11.30	15.39	20.10	25.44	31.41	38.01
10.5	2.69	4.78	7.47	10.77	14.66	19.14	24.23	29.91	36.20
11.0	2.57	4.56	7.13	10.28	13.99	18.27	23.13	28.55	34.55
11.5	2.45	4.37	6.82	9.83	13.38	17.48	22.12	27.31	33.05
12.0	2.35	4.18	6.54	9.42	12.82	16.75	21.20	26.17	31.67
12.5	2.26	4.02	6.28	9.04	12.31	16.08	20.35	25.13	30.41
13.0	2.17	3.86	6.04	8.69	11.84	15.46	19.57	24.16	29.24
13.5	2.09	3.72	5.81	8.37	11.40	14.89	18.84	23.27	28.15
14.0	2.01	3.59	5.60	8.07	10.99	14.36	18.17	22.43	27.15
14.5	1.94	3.46	5.41	7.79	10.61	13.86	17.54	21.66	26.21
15.0	1.88	3.35	5.23	7.53	10.26	13.40	16.96	20.94	25.34
15.5	1.82	3.24	5.06	7.29	9.93	12.97	16.41	20.26	24.52
16.0	1.76	3.14	4.90	7.06	9.62	12.56	15.90	19.63	23.75
16.5	1.71	3.04	4.75	6.85	9.32	12.18	15.42	19.03	23.03
17.0	1.66	2.95	4.61	6.65	9.05	11.82	14.96	18.47	22.36
17.5	1.61	2.87	4.48	6.46	8.79	11.48	14.54	17.95	21.72
18.0	1.57	2.79	4.36	6.28	8.55	11.17	14.13	17.45	21.11
18.5	1.52	2.71	4.24	6.11	8.32	10.86	13.75	16.98	20.54
19.0	1.48	2.64	4.13	5.95	8.10	10.58	13.39	16.53	20.00
19.5	1.44	2.57	4.02	5.79	7.89	10.31	13.04	16.11	19.49
20.0	1.41	2.51	3.92	5.65	7.69	10.05	12.72	15.70	19.00
20.5	1.37	2.45	3.83	5.51	7.50	9.80	12.41	15.32	18.54
21.0	1.34	2.39	3.73	5.38	7.33	9.57	12.11	14.95	18.10
21.5	1.31	2.33	3.65	5.26	7.15	9.35	11.83	14.61	17.68
22.0	1.28	2.28	3.56	5.14	6.99	9.13	11.56	14.27	17.27
22.5	1.25	2.23	3.49	5.02	6.84	8.93	11.30	13.96	16.89
23.0	1.22	2.18	3.41	4.91	6.69	8.74	11.06	13.65	16.52
23.5	1.20	2.13	3.34	4.81	6.55	8.55	10.82	13.36	16.17
24.0	1.17	2.09	3.27	4.71	6.41	8.37	10.60	13.08	15.83
24.5	1.15	2.05	3.20	4.61	6.28	8.20	10.38	12.82	15.51
25.0	1.13	2.01	3.14	4.52	6.15	8.04	10.17	12.56	15.20
26.0	1.08	1.93	3.02	4.34	5.92	7.73	9.78	12.08	14.62
27.0	1.04	1.86	2.90	4.18	5.70	7.44	9.42	11.63	14.07
28.0	1.00	1.79	2.80	4.03	5.49	7.18	9.08	11.21	13.57
29.0	0.97	1.73	2.70	3.89	5.30	6.93	8.77	10.83	13.10
30.0	0.94	1.67	2.61	3.76	5.13	6.70	8.48	10.47	12.67
31.0	0.91	1.62	2.53	3.64	4.96	6.48	8.20	10.13	12.26
32.0	0.88	1.57	2.45	3.53	4.81	6.28	7.95	9.81	11.87
33.0	0.85	1.52	2.37	3.42	4.66	6.09	7.71	9.51	11.51

Tafel 26 Plattenbewehrung AJSL in cm^2/M

Betonstahl BSt 42o/5oo R	Beton B 15			zul TAUJ 1 = 1.4 N/mm²					
DJS mm	K · AJ1 · LJO						6·DJS	1o·DJS	DJB/2 + DJS
	AJ1 = 1.o			AJ1 = o.7					
	K			K					
	1.o	o.6	1.3	1.o	o.6	1.3			
6	257	154	334	18o	1o8	234	36	6o	19
8	342	2o5	445	24o	144	312	48	8o	25
1o	428	257	557	3oo	18o	39o	6o	1oo	31
12	514	3o8	668	36o	216	468	72	12o	37
14	6oo	36o	78o	42o	252	546	84	14o	43
16	685	411	891	48o	288	624	96	16o	49
18	771	462	1oo2	54o	324	7o2	1o8	18o	55
2o	857	514	1114	6oo	36o	78o	12o	2oo	91
22	942	565	1225	66o	396	858	132	22o	1oo
25	1o71	642	1392	75o	45o	975	15o	25o	113
28	12oo	72o	156o	84o	5o4	1o92	168	28o	127

Betonstahl BSt 42o/5oo R	Beton B 25			zul TAUJ 1 = 1.8 N/mm²					
DJS mm	K · AJ1 · LJO						6·DJS	1o·DJS	DJB/2 + DJS
	AJ1 = 1.o			AJ1 = o.7					
	K			K					
	1.o	o.6	1.3	1.o	o.6	1.3			
6	2oo	12o	26o	14o	84	182	36	6o	19
8	266	16o	346	186	112	242	48	8o	25
1o	333	2oo	433	233	14o	3o3	6o	1oo	31
12	4oo	24o	52o	28o	168	364	72	12o	37
14	466	28o	6o6	326	196	424	84	14o	43
16	533	32o	693	373	224	485	96	16o	49
18	6oo	36o	78o	42o	252	546	1o8	18o	55
2o	666	4oo	866	466	28o	6o6	12o	2oo	91
22	733	44o	953	513	3o8	667	132	22o	1oo
25	833	5oo	1o83	583	35o	758	15o	25o	113
28	933	56o	1213	653	392	849	168	28o	127

Tafel 27.1 Verankerungslängen in mm - Erläuterungen siehe Seite 229

Betonstahl BSt 420/500 R	Beton B 35					zul TAUJ1 = 2.2 N/mm²		
DJS mm	K · AJ1 · LJO					6·DJS	10·DJS	DJB/2 + DJS
	AJ1 = 1.0			AJ1 = 0.7				
	K			K				
	1.0	0.6	1.3	1.0	0.6	1.3		
6	163	98	212	114	68	148	36	60	19
8	218	130	283	152	91	198	48	80	25
10	272	163	354	190	114	248	60	100	31
12	327	196	425	229	137	297	72	120	37
14	381	229	496	267	160	347	84	140	43
16	436	261	567	305	183	397	96	160	49
18	490	294	638	343	206	446	108	180	55
20	545	327	709	381	229	496	120	200	91
22	600	360	780	420	252	546	132	220	100
25	681	409	886	477	286	620	150	250	113
28	763	458	992	534	320	694	168	280	127

Betonstahl BSt 420/500 R	Beton B 45					zul TAUJ1 = 2.6 N/mm²		
DJS mm	K · AJ1 · LJO					6·DJS	10·DJS	DJB/2 + DJS
	AJ1 = 1.0			AJ1 = 0.7				
	K			K				
	1.0	0.6	1.3	1.0	0.6	1.3		
6	138	83	180	96	58	126	36	60	19
8	184	110	240	129	77	168	48	80	25
10	230	138	300	161	96	210	60	100	31
12	276	166	360	193	116	252	72	120	37
14	323	193	420	226	135	294	84	140	43
16	369	221	480	258	155	336	96	160	49
18	415	249	540	290	174	378	108	180	55
20	461	276	600	323	193	420	120	200	91
22	501	304	660	355	213	462	132	220	100
25	576	346	750	403	242	525	150	250	113
28	646	387	840	452	271	588	168	280	127

Tafel 27.2 Verankerungslängen in mm - Erläuterungen siehe Seite 229

Betonstahl B 42o/5oo R	Beton B 55		zul TAUJ 1 = 3 N/mm²						
DJS mm	K · AJ1 · LJO						6·DJS	1o·DJS	DJB/2 + DJS
	AJ1 = 1.o			AJ1 = o.7					
	K			K					
	1.o	o.6	1.3	1.o	o.6	1.3			
6	12o	72	156	84	5o	1o9	36	6o	19
8	16o	96	2o8	112	67	145	48	8o	25
1o	2oo	12o	26o	14o	84	182	6o	1oo	31
12	24o	144	312	168	1oo	218	72	12o	37
14	28o	168	364	196	117	254	84	14o	43
16	32o	192	416	224	134	291	96	16o	49
18	36o	216	468	252	151	327	1o8	18o	55
2o	4oo	24o	52o	28o	168	364	12o	2oo	91
22	44o	264	572	3o8	184	4oo	132	22o	1oo
25	5oo	3oo	65o	35o	21o	455	15o	25o	113
28	56o	336	728	392	235	5o9	168	28o	127

Tafel 27.3 Verankerungslängen in mm

Verankerungslängen nach Paragraph 18

AJ1 nach Seite 93

AJ1 = 1.o ohne Haken

AJ1 = o.7 mit Haken

K nach Seite

K = 1.o AJ1 · LJO

K = o.6 Verankerungen in der Druckzone

K = 1.6 Verankerungen in der Zugzone

6 DJS, 1o DJS und DJB/2 + DJS Mindest-Verankerungslängen

im Verbundbereich II sind die Werte der Tafel zu verdoppeln

Betonstahl BSt 5oo/55o R Beton B 15 zul. TAUJ 1=1.4 N/mm²									
DJS mm	K · AJ1 · LJO						6 DJS	1o DJS	DJB/2 + DJS
	AJ1 = 1.o			AJ1 = o.7					
	K			K					
	1.o	o.6	1.3	1.o	o.6	1.3			
4.o	2o4	122	265	142	85	185	24	4o	13
4.oD	288	173	375	2o2	121	262	33	56	13
4.5	229	137	298	16o	96	2o8	27	45	14
4.5D	324	194	422	227	136	295	38	63	14
5.o	255	153	331	178	1o7	232	3o	5o	16
5.oD	36o	216	468	252	151	328	42	7o	16
5.5	28o	168	264	196	117	255	33	55	17
5.5D	396	238	515	277	166	361	46	77	17
6.o	3o5	183	397	214	128	278	36	6o	19
6.oD	432	259	562	3o3	181	393	5o	84	19
6.5	331	198	431	232	139	3o1	39	65	2o
6.5 D	468	281	6o9	328	196	426	55	91	2o
7.o	357	214	464	25o	15o	325	42	7o	22
7.oD	5o5	3o3	656	353	212	459	59	98	22
7.5	382	229	497	267	16o	348	45	75	23
7.5D	541	324	7o3	378	227	492	63	1o6	23
8.o	4o8	244	53o	285	171	371	48	8o	25
8.oD	577	346	75o	4o4	242	525	67	113	25
8.5	433	26o	563	3o3	182	394	51	85	26
8.5D	613	637	797	429	257	558	72	12o	26
9.o	459	275	596	321	192	417	54	9o	28
9.oD	649	389	844	454	272	59o	76	127	28
9.5	484	29o	63o	339	2o3	441	57	95	29
9.5D	685	411	891	479	287	623	8o	134	29
1o.o	51o	3o6	663	357	214	464	6o	1oo	31
1o.oD	721	432	937	5o5	3o3	656	84	141	31
1o.5	535	321	696	375	225	487	63	1o5	32
1o.5D	757	454	984	53o	318	689	89	148	32
11.o	561	336	729	392	235	51o	66	11o	34
11.oD	793	476	1o31	555	333	722	93	155	34
11.5	586	352	762	41o	246	533	69	115	35
11.5D	829	497	1o78	58o	348	755	97	162	35
12.o	612	367	795	428	257	557	72	12o	37
12.oD	865	519	1125	6o6	363	787	1o1	169	37

Tafel 28.1 Verankerungslängen in mm –
Erläuterungen siehe Seite 229

Betonstahl BSt 5oo/55o R Beton B 25 zul.TAUJ 1 =1.8 N/mm^2									
DJS	K · AJ1 · LJO						6·DJS	1o·DJS	DJB/2 +DJS
	AJ1 = 1.o			AJ1 = o.7					
mm	K			K					
	1.o	o.6	1.3	1.o	o.6	1.3			
4.o	158	95	2o6	111	66	144	24	4o	13
4.oD	224	134	291	157	94	2o4	33	56	13
4.5	178	1o7	232	125	75	162	27	35	14
4.5D	252	151	328	176	1o6	229	38	63	14
5.o	198	119	257	138	83	18o	3o	5o	16
5.oD	28o	168	364	196	117	255	42	7o	16
5.5	218	13o	283	152	91	198	33	55	17
5.5D	3o8	185	4o1	216	129	28o	46	77	17
6.o	238	142	3o9	166	1oo	216	36	6o	19
6.oD	336	2o2	437	235	141	3o6	5o	84	19
6.5	257	154	335	18o	1o8	234	39	65	2o
6.5D	364	218	474	255	153	331	55	91	2o
7.o	277	166	361	194	116	252	42	7o	22
7.oD	392	235	51o	274	164	357	59	98	22
7.5	297	178	386	2o8	125	27o	45	75	23
7.5D	42o	252	547	294	176	383	63	1o6	23
8.o	317	19o	412	222	133	288	48	8o	25
8.oD	448	269	583	314	188	4o8	67	113	25
8.5	337	2o2	438	236	141	3o6	51	85	26
8.5D	477	286	62o	333	2oo	434	72	12o	26
9.o	357	214	464	25o	15o	325	54	9o	28
9.oD	5o5	3o3	656	353	212	459	76	127	28
9.5	376	226	49o	263	158	343	57	95	29
9.5D	533	319	693	373	223	485	8o	134	29
1o.o	396	238	515	277	166	361	6o	1oo	31
1o.oD	561	336	729	392	235	51o	84	141	31
1o.5	416	25o	541	291	175	379	63	1o5	32
1o.5D	589	353	766	412	247	536	89	148	32
11.o	436	261	567	3o5	183	397	66	11o	34
11.oD	617	37o	8o2	432	259	561	93	155	34
11.5	456	273	593	319	191	415	69	115	35
11.5D	645	387	838	451	271	587	97	162	35
12.o	476	285	619	333	2oo	433	72	12o	37
12.oD	673	4o4	875	471	282	612	1o1	169	37

Tafel 28.2 Verankerungslängen in mm
Erläuterungen siehe Seite 229

Betonstahl BSt 5oo/55o R	Beton B 35		zul.TAUJ 1 = 2.2 N/mm²						
DJS mm	K · AJ1 · LJO						6·DJS	1o·DJS	DJB/2 + DJS
	AJ1 = 1.o			AJ1 = o.7					
	K			K					
	1.o	o.6	1.3	1.o	o.6	1.3			
4.o	129	77	168	9o	54	118	24	4o	13
4.oD	183	11o	238	128	77	167	33	56	13
4.5	146	87	189	1o2	61	132	27	45	14
4.5D	2o6	123	268	144	86	188	38	63	14
5.o	162	97	211	113	68	147	3o	5o	16
5.oD	229	137	298	16o	96	2o8	42	7o	16
5.5	178	1o7	232	125	75	162	33	55	17
5.5D	252	151	328	176	1o6	229	46	77	17
6.o	194	116	253	136	81	177	36	6o	19
6.oD	275	165	358	192	115	25o	5o	84	19
6.5	211	126	274	147	88	192	39	65	2o
6.5D	298	179	387	2o8	125	271	55	91	2o
7.o	227	136	295	159	95	2o6	42	7o	22
7.oD	321	192	417	224	134	292	59	98	22
7.5	243	146	316	17o	1o2	221	45	75	23
7.5D	344	2o6	447	241	144	313	63	1o6	23
8.o	259	155	337	181	1o9	236	48	8o	25
8.oD	367	22o	477	257	154	334	67	113	25
8.5	275	165	358	193	115	251	51	85	26
8.5D	39o	234	5o7	273	163	355	72	12o	26
9.o	292	175	379	2o4	122	265	54	9o	28
9.oD	413	247	537	289	173	376	76	127	28
9.5	3o8	185	4oo	215	129	28o	57	95	29
9.5D	436	261	567	3o5	183	396	8o	134	29
1o.o	324	194	422	227	136	295	6o	1oo	31
1o.oD	459	275	596	321	192	417	84	141	31
1o.5	34o	2o4	443	238	143	31o	63	1o5	32
1o.5D	482	289	626	337	2o2	438	89	148	32
11.o	357	214	464	25o	15o	325	66	11o	34
11.oD	5o5	3o3	656	353	212	459	93	155	34
11.5	373	224	485	261	156	339	69	115	35
11.5D	528	316	686	369	221	48o	97	162	35
12.o	389	233	5o6	272	163	354	72	12o	37
12.oD	55o	33o	716	385	231	5o1	1o1	169	37

Tafel 28.3 Verankerungslängen in mm
Erläuterungen siehe Seite 229

Betonstahl BSt 5oo/55o R Beton B 45 zul.TAUJ 1 = 2.6 N/mm^2									
DJS mm	K ·AJ1 · LJO						6·DJS	1o·DJS	DJB/2 + DJS
	AJ1 = 1.o			AJ1 = o.7					
	K			K					
	1.o	o.6	1.3	1.o	o.6	1.3			
4.o	1o9	65	142	76	46	1oo	24	4o	13
4.oD	155	93	2o2	1o8	65	141	33	56	13
4.5	123	74	16o	86	51	112	27	45	14
4.5D	174	1o4	227	122	73	159	38	63	14
5.o	137	82	178	96	57	125	3o	5o	16
5.oD	194	116	252	135	81	176	42	7o	16
5.5	151	9o	196	1o5	63	137	33	55	17
5.5D	213	128	277	149	89	194	46	77	17
6.o	164	98	214	115	69	15o	36	6o	19
6.oD	233	139	3o3	163	97	212	5o	84	19
6.5	178	1o7	232	125	75	162	39	65	2o
6.5D	252	151	328	176	1o6	229	55	91	2o
7.o	192	115	25o	134	8o	175	42	7o	22
7.oD	271	163	353	19o	114	247	59	98	22
7.5	2o6	123	267	144	86	187	45	75	23
7.5D	291	174	378	2o3	122	264	63	1o6	23
8.o	219	131	285	153	92	2oo	48	8o	25
8.oD	31o	186	4o4	217	13o	282	67	113	25
8.5	233	14o	3o3	163	98	212	51	85	26
8.5D	33o	198	429	231	138	3oo	72	12o	26
9.o	247	148	321	173	1o3	225	54	9o	28
9.oD	349	2o9	454	244	146	318	76	127	28
9.5	26o	156	339	182	1o9	237	57	95	29
9.5D	369	221	479	258	155	335	8o	134	29
1o.o	274	164	357	192	115	25o	6o	1oo	31
1o.oD	388	233	5o5	271	163	353	84	141	31
1o.5	288	173	375	2o1	121	262	63	1o5	32
1o.5D	4o7	244	53o	285	171	371	89	148	32
11.o	3o2	181	392	211	126	275	66	11o	34
11.oD	427	256	555	299	179	388	93	155	34
11.5	315	189	41o	221	132	187	69	115	35
11.5D	446	268	58o	312	187	4o6	97	162	35
12.o	329	197	428	23o	138	3oo	72	12o	37
12.oD	466	279	6o6	326	195	424	1o1	169	37

Tafel 28.4 Verankerungslängen in mm
Erläuterungen siehe Seite 229

Tafel 29.1

Maximale Durchmesser und dazugehörige KJH-Werte für MJD = o.7 · max M

	BSt 42o/5oo R														
	B 15			B 25			B 35			B 45			B 55		
	Umweltbedingungen nach Zeile der DIN 1o45 - Tabelle 1o														
	1	2	3/4	1	2	3/4	1	2	3/4	1	2	3/4	1	2	3/4
R	12o	8o	5o	12o	8o	5o	12o	8o	5o	12o	8o	5o	12o	8o	5o
DJS	KJH														
1	13.82	11.4o	9.13	13.71	11.27	9.oo	13.68	11.21	8.94	13.61	11.16	8.91	13.58	11.17	8.89
2	9.94	8.24	6.63	9.81	8.11	6.5o	9.77	8.o5	6.44	9.75	8.o1	6.41	9.71	7.99	6.4o
3	8.24	6.83	5.53	8.11	6.7o	5.39	8.o5	6.64	5.33	8.o1	6.61	5.3o	7.99	6.59	5.29
4	7.21	5.99	4.87	7.o7	5.86	4.73	7.o1	5.8o	4.67	6.99	5.78	4.64	6.97	5.75	4.62
5	6.51	5.42	4.42	6.38	5.29	4.28	6.32	5.23	4.22	6.29	5.2o	4.19	6.27	5.19	4.17
6	5.99	5.o1	4.o9	5.86	4.87	3.95	5.8o	4.81	3.89	5.78	4.78	3.86	5.75	4.76	3.83
8	5.27	4.42	3.64	5.13	4.28	3.48	5.o8	4.22	3.42	5.o5	4.19	3.39	5.o3	4.17	3.37
1o	4.78	4.o2	3.33	4.64	3.88	3.17	4.58	3.82	3.1o	4.55	3.78	3.o7	4.53	3.76	3.o5
12	4.42	3.73	3.11	4.28	3.58	2.94	4.22	3.52	2.87	4.19	3.49	2.84	4.17	3.47	2.82
14	4.14	3.51	2.94	4.oo	3.35	2.76	3.94	3.29	2.69	3.9o	3.26	2.66	3.88	3.24	2.64
16	3.92	3.33	2.81	3.77	3.17	2.62	3.71	3.1o	2.55	3.68	3.o7	2.51	3.66	3.o5	2.49
18	3.73	3.18	2.7o	3.58	3.o2	2.5o	3.52	2.95	2.43	3.49	2.92	2.39	3.47	2.9o	2.37
2o	3.58	3.o6	2.62	3.42	2.89	2.41	3.36	2.82	2.33	3.33	2.79	2.29	3.31	2.77	2.27
22	3.44	2.96	2.54	3.29	2.78	2.32	3.22	2.71	2.24	3.19	2.68	2.21	3.71	2.66	2.18
25	3.28	2.83	2.45	3.11	2.64	2.22	3.o5	2.57	2.14	3.o2	2.54	2.1o	3.oo	2.52	2.o7
28	3.14	2.73	2.39	2.97	2.53	2.14	2.91	2.46	2.o5	2.87	2.42	2.o1	2.85	2.4o	1.98
32	2.99	2.62	2.33	2.81	2.41	2.o5	2.75	2.33	1.96	2.71	2.29	1.91	2.69	2.27	1.88
36	2.87	2.53	2.27	2.69	2.31	1.98	2.62	2.22	1.88	2.58	2.19	1.83	2.56	2.16	1.8o
4o	2.77	2.45	2.23	2.58	2.22	1.92	2.51	2.14	1.82	2.47	2.1o	1.77	2.45	2.o7	1.74
44	2.69	2.4o	o.oo	2.49	2.15	1.88	2.41	2.o6	1.76	2.37	2.o2	1.71	2.35	2.oo	1.68
5o	2.58	2.34	o.oo	2.37	2.o7	1.82	2.29	1.97	1.7o	2.25	1.93	1.64	2.23	1.9o	1.61
56	2.5o	2.29	o.oo	2.28	2.oo	1.78	2.19	1.9o	1.65	2.15	1.85	1.59	2.13	1.82	1.56

Wenn MJD > o.7 · max M ist, ist für DJS   DJS·o.49 · $(\max M/MJD)^2$ zu nehmen

Maximale zulässige Durchmesser DJS und dazugehörige KJH-Werte nach DIN 1o45, Paragraph 17.6.2

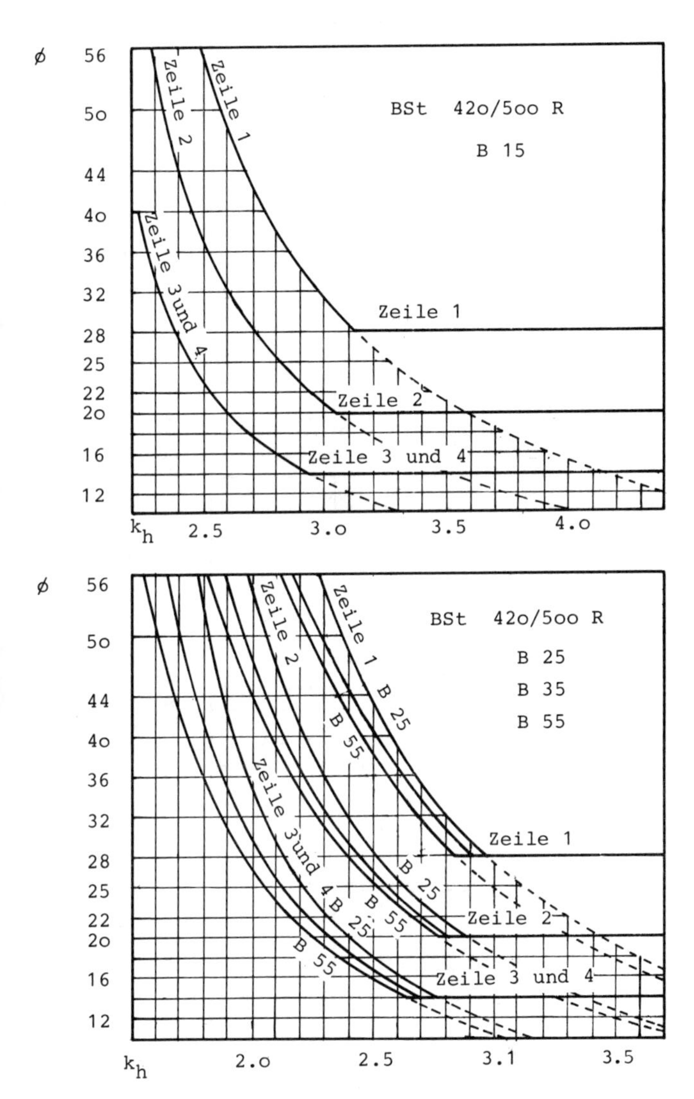

Wenn $M_d > 0.7 \cdot \max M$ ist, ist für d_s $d_s \cdot 0.49 \cdot (\max M/M_d)^2$ zu nehmen.

Maximale zulässige Durchmesser d_s und dazugehörige k_h-Werte

Tafel 29.2

Maximale Durchmesser und dazugehörige KJH-Werte für MJD = o.7 max M

BSt 5oo / 55o R															
	B 15			B 25			B 35			B 45			B 55		
	Umweltbedingungen nach Zeile der DIN 1o45 - Tabelle 1o														
	1	2	3/4	1	2	3/4	1	2	3/4	1	2	3/4	1	2	3/4
R	12o	8o	5o	12o	8o	5o	12o	8o	5o	12o	8o	5o	12o	8o	5o
DJS	KJH														
1	1o.79	8.91	7.17	1o.64	8.79	7.o3	1o.6o	8.72	6.98	1o.58	8.69	6.94	1o.55	8.66	6.92
2	7.8o	6.48	5.24	7.67	6.34	5.11	7.61	6.28	5.o5	7.58	6.25	5.o2	7.55	6.23	5.oo
3	6.48	5.39	4.4o	6.34	5.26	4.26	6.28	5.2o	4.2o	6.25	5.17	4.17	6.23	5.15	4.15
4	5.69	4.76	3.9o	5.55	4.62	3.75	5.49	4.56	3.69	5.47	4.52	3.65	5.45	4.5o	3.63
5	5.15	4.32	3.56	5.o1	4.18	3.4o	4.96	4.12	3.34	4.93	4.o9	3.31	4.9o	4.o7	3.29
6	4.76	4.oo	3.31	4.62	3.86	3.15	4.56	3.8o	3.o9	4.52	3.76	3.o5	4.5o	3.74	3.o3
7	4.45	3.76	3.13	4.31	3.61	2.96	4.25	3.54	2.89	4.22	3.51	2.86	4.2o	3.49	2.84
8	4.21	3.56	2.98	4.o6	3.4o	2.8o	4.oo	3.34	2.73	3.97	3.31	2.7o	3.95	3.29	2.68
9	4.oo	3.4o	2.86	3.86	3.24	2.67	3.8o	3.18	2.6o	3.76	3.14	2.57	3.74	3.12	2.55
1o	3.83	3.26	2.76	3.68	3.1o	2.56	3.62	3.o3	2.49	3.59	3.oo	2.46	3.57	2.98	2.43
11	3.69	3.15	2.68	3.53	2.98	2.47	3.47	2.91	2.4o	3.44	2.88	2.36	3.42	2.86	2.34
12	3.56	3.o5	2.61	3.4o	2.88	2.39	3.34	2.81	2.32	3.31	2.77	2.28	3.29	2.75	2.26
14	3.35	2.89	2.49	3.19	2.7o	2.27	3.12	2.63	2.18	3.o9	2.6o	2.14	3.o7	2.58	2.12
16	3.18	2.76	2.41	3.o2	2.56	2.17	2.95	2.49	2.o8	2.92	2.46	2.o4	2.9o	2.43	2.o1
18	3.o5	2.66	2.35	2.88	2.45	2.o8	2.81	2.38	1.99	2.77	2.34	1.95	2.75	2.32	1.92
2o	2.94	2.58	2.3o	2.76	2.36	2.o2	2.69	2.28	1.92	2.65	2.24	1.87	2.63	2.22	1.85
22	2.84	2.51	2.26	2.65	2.28	1.96	2.58	2.2o	1.86	2.55	2.16	1.81	2.53	2.14	1.78
24	2.76	2.45	2.23	2.56	2.21	1.91	2.49	2.13	1.81	2.46	2.o9	1.76	2.43	2.o6	1.73

Wenn MJD > o.7 · max M ist, ist für DJS $\quad DJS \cdot 0.49 \cdot (\max M/MJD)^2$ zu nehmen

Maximale zulässige Durchmesser DJS und dazugehörige KJH-Werte nach DIN 1o45, Paragraph 17.6.2

Tafel 30.1

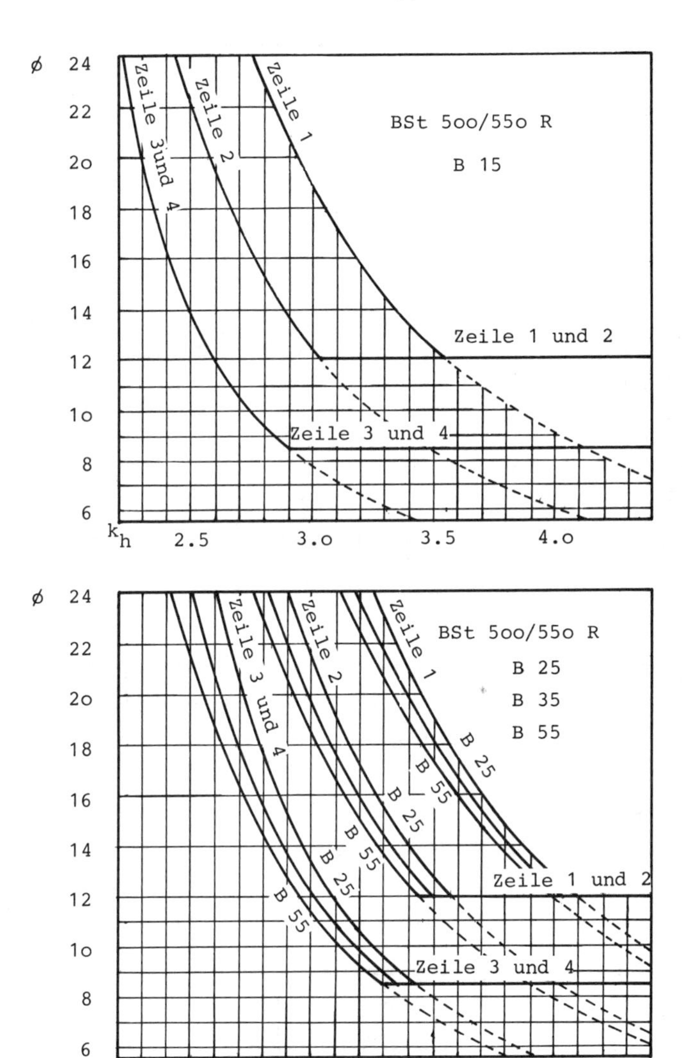

Wenn $M_d > 0.7 \cdot \max M$ ist, ist für d_s $d_s \cdot 0.49 \cdot (\max M/M_d)^2$ zu nehmen.

Maximale zulässige Durchmesser d_s und dazugehörige k_h - Werte

Tafel 30.2

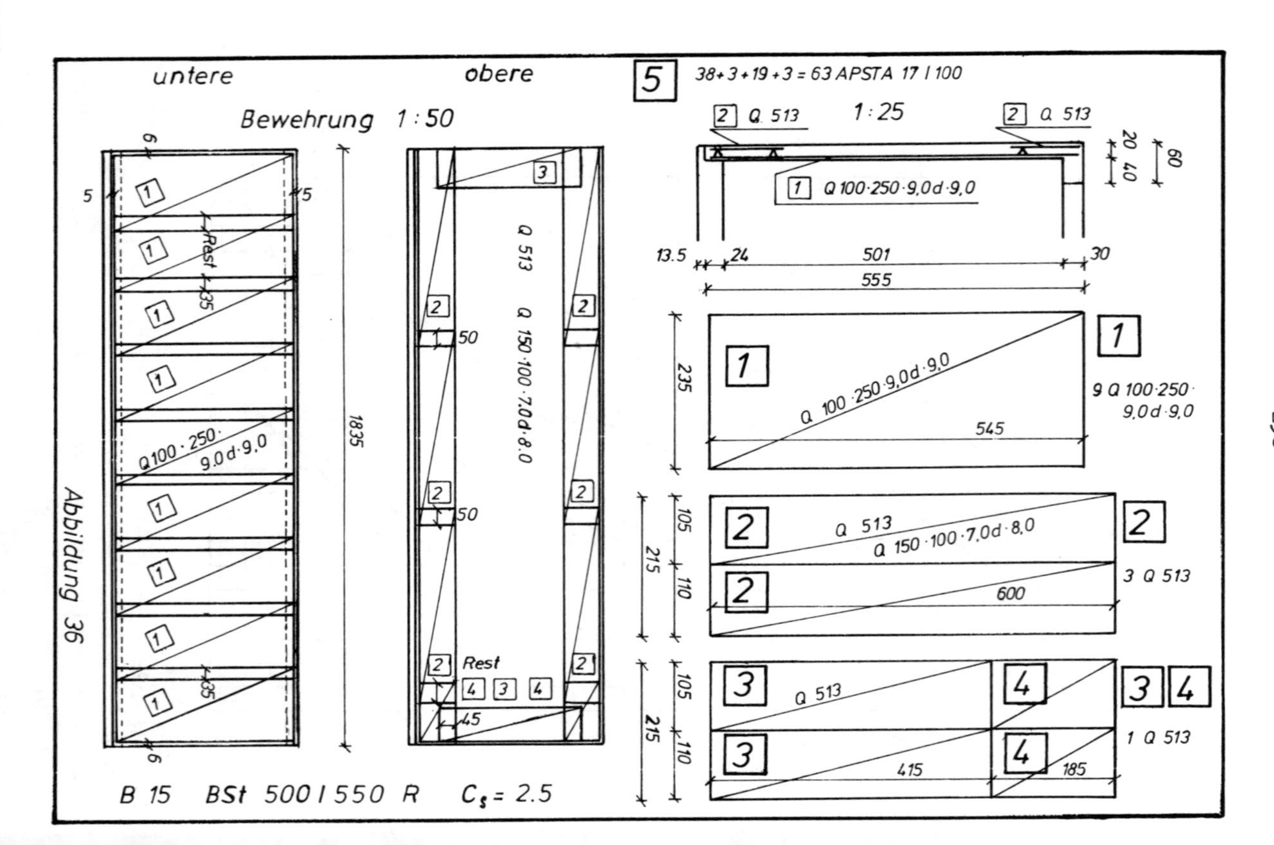

Abbildung 36

Inhalt des 2. Bandes Balken, Stützen, Beispiele

Stichwortverzeichnis

Teubner Fachbücher für den Bauingenieur

Wendehorst/Muth
Bautechnische Zahlentafeln

20., neubearbeitete und erweiterte Auflage. 1981. 532 Seiten
Sichtregister. 13,6 x 19,2 cm. Geb. DM 44,80
ISBN 3-519-45219-7

Frick/Knöll/Neumann
Baukonstruktionslehre

Teil 1: 27., neubearbeitete und erweiterte Auflage. 1979.
400 Seiten mit 382 Bildern, 27 Tabellen und 5 Beispielen.
16,2 x 22,9 cm. Geb. DM 44,--
ISBN 3-519-35205-2

Teil 2: 26., neubearbeitete und erweiterte Auflage. 1979.
451 Seiten mit 517 Bildern, 27 Tabellen und 6 Beispielen.
16,2 x 22,9 cm. Geb. DM 48,--
ISBN 3-519-35206-0

Simmer
Grundbau

Teil 1: Bodenmechanik und erdstatische Berechnungen
17., neubearbeitete und erweiterte Auflage. 1980. X,399 S.
mit 250 Bildern, 63 Tafeln und 42 Berechnungsbeispielen.
16,2 x 22,9 cm. Kart. DM 44,--
ISBN 3-519-2531-7

Teil 2: Baugruben und Gründungen
15., neubearbeitete und erweiterte Auflage. 1978. X,478 S.
mit 445 Bildern, 52 Tafeln und 41 Berechnungsbeispielen.
16,2 x 22,9 cm. Kart. DM 49,80

Volger
Haustechnik

Grundlagen Planung Ausführung
6., überarbeitete und erweiterte Auflage. 1980. XII,641 S.
mit 711 Bildern und 166 Tafeln. 16,2 x 22,9 cm. Geb. DM 64,--
ISBN 3-519-25221-X

Haacke/Hirle/Maas
Mathematik für Bauingenieure

2., neubearbeitete Auflage. 1980. 346 S. mit 365 Bildern,
266 Beispielen, 302 Aufgaben und 36 Seiten Formelsammlung
im Anhang. 16,2 x 22,9 cm. Kart. DM 48,--
ISBN 3-519-05211-3

Preisänderungen vorbehalten

Thomsing
<u>Spannbetonträger</u>

Berechnungsverfahren
1976. VIII, 208 Seiten mit 148 Bildern und 22 Tafeln.
16,2 x 22,9 cm. Kart. DM 39,--
ISBN 3-519-05230-X

Lohmeyer
<u>Stahlbetonbau</u>

Bemessung Konstruktion Ausführung
2., neubearbeitete und erweiterte Auflage.1980. XIV,399 S. mit 357 Bildern, 116 Tafeln und zahlreichen Beispielen.
16,2 x 22,9 cm. Kart. DM 44,80
ISBN 3-519-05012-9

Buchenau/Thiele
<u>Stahlhochbau</u>

Teil 1: 20., neubearbeitete und erweiterte Auflage. 1981. VII, 243 Seiten mit 268 Bildern und 32 Tafeln.
16,2 x 22,9 cm. Kart. DM 39,--
ISBN 3-519-35207-9

Teil 2: 16., neubearbeitete und erweiterte Auflage. 1980. VII, 240 Seiten mit 375 Bildern und 22 Tafeln.
16,2 x 22,9 cm. Kart. DM 39,--
ISBN 3-519-25208-2

Hosang/Bischof
<u>Stadtentwässerung</u>

7., neubearbeitete und erweiterte Auflage. 1979. VIII, 386 Seiten mit 344 Bildern und 83 Tafeln. 16,2 x 22,9 cm. Kart. DM 49,--
ISBN 3-519-25216-3

Hentze/Timm
<u>Wasserbau</u>

14., neubearbeitete Auflage. 1967. VIII, 315 Seiten mit 462 Bildern und 39 Tafeln. 16,2 x 22,9 cm. Kart. DM 48,--
ISBN 3-519-05210-5

Dahlhaus/Damrath
<u>Wasserversorgung</u>

8., überarbeitete Auflage. 1982. VIII, 254 Seiten mit 244 Bildern und 59 Tafeln. 16,2 x 22,9 cm. Kart. DM 44,--
ISBN 3-519-35215-X

Hoffmann/Kremer
<u>Zahlentafeln für den Baubetrieb</u>

Organisation Kosten Verfahren
1979. 432 Seiten.Sichtregister.13,6 x 19,2 cm.Geb.DM 42,--
ISBN 3-519-05220-2

Preisänderungen vorbehalten